阅读成就思想……

Read to Achieve

励姝系列

气场全开

让女性脱胎换骨的
31堂成长课

王敏 著

中国人民大学出版社
·北京·

图书在版编目（CIP）数据

气场全开：让女性脱胎换骨的31堂成长课 / 王敏著. -- 北京：中国人民大学出版社，2023.6
ISBN 978-7-300-31698-7

Ⅰ.①气… Ⅱ.①王… Ⅲ.①女性－成功心理－通俗读物 Ⅳ.①B848.4-49

中国国家版本馆CIP数据核字(2023)第083756号

气场全开：让女性脱胎换骨的31堂成长课
王　敏　著
QICHANG QUANKAI：RANG NÜXING TUOTAIHUANGU DE 31 TANG CHENGZHANGKE

出版发行	中国人民大学出版社		
社　　址	北京中关村大街31号	邮政编码	100080
电　　话	010-62511242（总编室）		010-62511770（质管部）
	010-82501766（邮购部）		010-62514148（门市部）
	010-62515195（发行公司）		010-62515275（盗版举报）
网　　址	http://www.crup.com.cn		
经　　销	新华书店		
印　　刷	天津中印联印务有限公司		
开　　本	890 mm×1240 mm　1/32	版　次	2023年6月第1版
印　　张	8.375　插页1	印　次	2024年6月第5次印刷
字　　数	190 000	定　价	69.00元

版权所有　　侵权必究　　印装差错　　负责调换

推荐序

气场，改变了我的后半生

李禾，上海申通快递有限公司副总裁

2014年，我接到一个好友的电话，她邀请我到江苏某地参加一个课程。她很殷切地对我说："这位王敏老师真的很厉害、很厉害，你来了就明白了！"认识她这么多年，我从没听她这样强烈推荐过什么人，于是我就带着好奇去了。

我当时还在申通快递公司松江网点工作，就带着几位员工一起驱车前往。第一次看到王敏老师时，同为女人，我竟然有种"惊艳"的感觉。其实看她的年龄也不年轻了，也算不上大美女，可她整个人好像自带光环一样，一举一动都闪闪发光。我当时就在想，这就是书上说的"气质"吗？三天的课程让我更深入地了解了她，她对课程的严谨认真，对学员的真诚用心，让我们学到了很多实用的知识技能，更让我收获了很多课程以外的东西——

我懂得了女人该如何爱自己！

我出生在安徽的一个小县城，从小在男尊女卑的环境中长大，我一直都认为自己要像男人一样要强，像男人一样打拼。我在部队里做军医，度过了自己的青春岁月，退役后进入快递公司工作，每天要和500多位大老爷们打交道。我从来没把自己当女人看过，什么事都冲在前头。身边的好友曾说我当时的作风是"匪气而又强势"。一位关心我的老领导曾语重心长地跟我说："你不要那么'认真'地认真工作！"

而我之所以一直这么拼命工作，除了个性要强之外，还因为当时我老公癌症中晚期，我真的不能也不敢让自己停下来。我觉得如果自己脆弱了就再也站不起来了，所以我就让自己一直身心紧绷地"坚强"着。王敏老师的气场课程让我忽然发现原来一切都不是我以为的那样，女人真的可以有不同的活法。那时，简直可以用"震撼"两个字来形容我的心情。

2015年，王敏老师给我打了一个电话，说她研发出了气场这门课程，我想都没想就带上行李踏上了去往北京的列车。这次的学习历时三个多月，可以说这是改变我后半生的开始。课程打开了我认知的另一扇窗，让我知道原来气场不是气质，气场也不是气势。气场就是每个人的能量场，不管是强大还是亲和，不管是阳刚还是温柔，那都是自己独一无二的气场；一个眼神，一个手势，语气语调的强弱，当下的心理活动、情绪变化都是气场的一部分，都可以向他人传递信息、带来感觉、形成影响。

推荐序

气场,改变了我的后半生

刚开始学习身体气场和语言气场时,我很爱笑,感觉学到了新技能好开心;后来学习心灵气场时,我又就特别爱哭,好像忍了几十年的眼泪被打开了开关一样不断涌出,那是身心的一种释放。我在泪水中疗愈成长的创伤,抚平内心的委屈,也在泪水中变得柔软、喜悦,散发出女性的光芒。

那段时间,我每隔半个多月就跑到北京去上三天线下课,回来后就天天写作业,每天晚上等着被老师点评辅导。身边的同事都好奇我"发神经"了,每天工作都忙成这样了,还要跑出去上什么课,还像小学生一样要交作业?甚至有同事说我:"咱们就送个快递,凭力气吃饭,学这些有什么用?"

当然有用!我在气场课堂上学到的不仅仅是知识和技能,更重要的是我的心态改变了,思维格局提升了。我明白了真正的气场强大并不是强势或者霸气,而是"上善若水"的影响力;我明白了女人并不一定只能有强硬的外壳才可以保护自己,内心强大了,外在反而会更平和从容。我是个执行力和行动力很强的人,学习结束就是我实践的开始。我把在气场课堂上学到的知识技能,应用在工作生活中。并根据公司的实际情况,制定了一套管理模式,我们的公司开始变得温暖而有人情味,公司的企业文化也开始在快递行业传播和推广,业务由原来的年收入2000万,做到了年收入1个亿。我开始在业内有了名气,同行也来我们公司学习,不久我就调任到申通快递总部。我在总部的平台上不断地学习成长,从当初营业网点的女汉子成长为申通快递有限公司的副总裁。

目前申通快递全球员工大约有 31 万，我每天工作日程非常满，最忙的时候一天批阅三四百份文件，还有一次国外出差 24 小时内飞了五个国家。我也经常和很多优秀的企业家们共事交流。站在这个更高的平台上，我看到了更丰盛的世界，活出了更精彩的人生。

看到我这样的工作状态，可能有些朋友会以为我现在是更强悍的"女强人"了；恰恰相反，我现在不仅瘦身成功，还留起了长发，穿起了长裙，每天都觉得有很多开心幸福的事，所以总是笑意盈盈。很多以往的老朋友见到现在的我，都不由地感慨说我有了"脱胎换骨"的变化。他们问我到底有什么秘诀，我就回答说：气场，改变了我的后半生！

自序

做有气场的女人

在很多人眼里,那些领袖人物、名人大咖气场强大,他们往往万众瞩目、一呼百应,甚至能够影响世界,引领一时潮流。然而,很多人虽然羡慕他们所散发的那种强大的能量,却又觉得那样的状态离自己太远了。

有些女性可能会觉得,气场强大就是要变得更加强势,担心那样就更没有人喜欢自己了。一个人的价值当然并不仅仅体现在受人欢迎,能够讨他人喜欢上。讨来的喜欢终究是卑微的,有气场的女人看重的绝对不是单纯的爱慕,她们更希望能被欣赏、被尊重。

当然,很多女性并不在乎有没有气场,她们认为普通人只要过好日子就行了,没想过要追求多大的成功。成功并不是指获得高官厚禄,也不是要变得万众瞩目。成功可以有很多种,被父母认可、被伴侣尊重、被孩子崇拜、被上司器重、被朋友信任都是成功……总之，活成自己喜欢的样子，活出更好的人生，这就是成功。而如果一个女人懂得修炼气场，那她在人生的道路上将更容易心想事成。

我一直想为很多和我一样的普通女性写一本气场修炼手册，就是想帮助所有平凡但不甘平庸的女性焕发自己的气场，活出生命的光芒。

这并不是一本谈论如何成功的书，而是一本讲如何成长的书。我们或许无法获得多么耀眼的成绩，但却可以让自己不断地向上成长。

小美在容颜，中美在气质，大美在气场。每个人的容貌都是父母给的，天生丽质的人只是极少数。大多数人都要靠后天的努力让自己变美。然而，无论我们如何保养，也会随着岁月的流逝而老去。不过，通过修炼气场，我们可以使自身散发出越来越强大的魅力。

气质是修自我——养眼养心，修好自己。气场是修大我——不仅要让自己由内而外散发出光芒，还要修好人际关系，影响他人，形成与他人同频共振的大能量场。女性一定要懂得通过修炼提升自己的气场！

有些女性的气场是被书香以及优裕的生活环境滋养出来的，她们整个人会给人一种悦人悦己的感觉。有些女性的气场是历经世事磨砺出来的。她看到了人情冷暖，或者经历过痛苦的身心蜕变，才有了那种宠辱不惊的淡定和云淡风轻的从容。她历经世事，明白自己要成长、要改变，会更多地思考自己的人生；她不会纠结于眼下的一地鸡毛，不会等着别人养活自己，更不会得过且过混日子。她对自己有要求，对未来有规划；就算大家都说她过得"挺好的"，她也一定会去追求自己心目中"更好的"生活，努力去实现自己的梦想。她想要更好地爱自己，同时也能更好地爱家人、爱身边的人。她想提升自己的气场，再去影响他人，让自己生活在充满爱的人际关系中，并能收获幸福的人生。

你是这样的女人吗？或者你想成为这样的女人吗？如果答案是肯定的，那就请打开这本书，开始我们 31 天的女性成长课，让我们一起来修炼气场！

前言

开启神奇的气场之旅

气场看不到、摸不着、说不清,但我们却都能感受到它的存在,受到它的影响。实际上,我们可以通过科学有效的方法来修炼气场。

最初,我将气场看作一个人外在的表现形式,认为一个人可以通过外在形象和演说能力的提升变得看起来"很有气场"。后来随着研究的不断深入,我又颠覆了自己原有的观念和认知,因为我发现气场远比我认为的要"高深玄妙"得多。

修炼气场绝不仅仅是让一个人的形象有所改变、技能有所提升,而是会让一个人的身心灵发生蜕变,并与天地万物达成和谐的状态,最终改变自己的命运。

人人都有自己的气场

气场强大的人自带光环，这并不是一句夸张的比喻，我们肉眼看不到不代表不存在。爱因斯坦说"物质就是能量"，所有我们能看得见和看不见的物质都是振动频率不同的能量。我们的身体是振动频率低、密度大的能量，有形有声；我们内在的心理、思想、情绪、意识、潜意识则是振动频率高、密度小的能量，看不见摸不着，但却是我们生命的核心，是我们的"灵魂"。如果一个人脑袋空空，那我们就会说这个人就像一个没有灵魂的躯壳；如果一个人思想丰富、灵魂有趣，那他也需要通过身体行为的表现、语言的表达才能体现出来，并影响他人，形成与人相互影响的能量场。因此，我们的身体就是一个有形的能量和无形的能量的组合。

能量这个词的英文是 energy，指能量、动力，也指精神、活力。在东方文化中，能量就是"气"，既是中医里讲的在人体内运行的元气，也是道教文化里神秘的意识流。"气"可以理解为人的能量、精气神、生命力。**人的气场就是人自身的能量场，源于人内在的思想信念和心理活动，呈现于外在的形象、行为和语言上，可以对相关的人和事物产生影响。**

实际上，一个人只要活着，他的能量场就在振动。每个人都有自己与生俱来的气场。当发生地震或灾难后，搜救人员用的生命探测仪，就是借着感应人体所发出的超低频电波产生的电场来搜寻生命迹象的。科学家借助科研用的卡尔良相机为人体拍照，可以看到每个人的身体周围都笼罩着形状大小色彩不同的光晕，这些光晕就是这个人的气场。

人人天生都有气场。如果你认为自己"没气场"，那只是因为当下的你气场能量比较弱，同时散发气场的"通道"被堵塞了，所以暂时没有呈现出本来应该属于你的那种强大的存在感和影响力。

为何我们还要练习本就存在的气场

每个人都有独一无二的气场，但这种气场形式是不是你想要的样子？它是否能够有效地促使你达成自己的目标呢？可能未必。因此，我们的目标就是通过身心的修炼来激发、调整、提升自己的气场，让气场助力自己获得想要的幸福人生。

气场的表现有正、负、强、弱四个象限。我们不能一味地追求强大的气场，还要追求具有吸引力的正能量气场。

历史上有很多正能量气场强大的杰出代表，比如特蕾莎修女，她把一生的爱都奉献给了穷人，并因此获得了诺贝尔和平奖。当这位身材矮小、其貌不扬、衣着简朴的老太太走进金碧辉煌的诺贝尔奖颁奖大厅时，所有衣着光鲜的名流大咖都自发地站起身向她鼓掌致敬。人们一看到她，就感受到了爱的流动，就像被温暖明亮的阳光照耀着，内心分外喜悦、感动。特蕾莎修女身上体现的就是强大的正能量气场。她的外在气场表现得很低调，但却让人不由自主地受到她的吸引和影响，感觉到安全、温暖和力量。"上善若水，水善利万物而不争"，这才是人们都渴望拥有的强大的正能量气场。

那些负能量气场即使再强大也只会产生排斥力，让人避之不及。比如我们在一些影视作品里会看到那些前呼后拥、一呼百应的所谓"大人物"，可他们周身散发着强横、霸道、阴狠的负能量，只会让周围的人感到恐惧、愤怒而赶紧远离；生活中我们也会看见一些浑身金光闪闪、浓妆艳抹的女郎，她们拥有所谓的"女王范"，在人群中确实很出众，可她们粗俗的举止、刻薄的眼神、肤浅的谈吐产生了让人排斥厌恶的负能量。

气场的正能量或负能量是一个相对值，不是完全由自身决定的，还会受到接收方感觉模式的影响。比如一个人觉得自己是正能量满满，一定有人喜欢和认同他，但也一定会有一些人对他无感甚至还有人会反感，那这个人的气场到底是正能量还是负能量？这是由接收方的感觉模式决定的，也是由双方气场频率是否相合决定的。所以生活中，我们会和一些朋友一见如故，甚至男女两人一见钟情，都是因为彼此气场相合；而有的人我们就是和他相处不好，怎么沟通都不顺畅，那是因为我们和他气场不同频，所以产生了相互排斥力。可是如果因为工作需要，我们必须和他合作，与他的合作决定着我们的职业发展，我们该怎么办呢？我们可以调整自己的行为、语言、思维模式，尽量和他合拍，从而与他的气场频率达成和谐共振，促成合作共赢。

气场的正负强弱与一个人的年龄、身高、美丑、穷富等外在条件并不能直接画等号。有钱有权、身材高大、穿着出众等外在因素只能带来一定的优势，一个人的智慧、胸怀和信念会使其由内而外散发出强大的能量，使其自带光环，成为一个"闪光"的人。

气场可以改变，气场可以提升

演员可以塑造很多迥然不同的角色，不同角色呈现的气场会不同。比如，电影《秋菊打官司》用的是纪录片的拍摄手法，很多观众看了半天都没有发现巩俐早已经在画面里了。巩俐扮演的秋菊分明就是扔在人堆里都看不见的普通农妇，她身材臃肿、神情木讷、一脸愁苦，存在感极低，在电影里也是一个不受尊重、被人欺负的角色，哪里还有半点巩俐本人的影子。

秋菊和巩俐明明就是一个人，为何气场却有天壤之别？部分原因在于，这两个人物的服饰、妆容、身材、仪态、表情、眼神有很大的不同，说话的声音、语气、措辞也不一样。更重要的原因是，不同的角色是身份完全不同的人，不同的人一定有不同的信念、心态、情绪和性格，其所处的环境、成长经历、受教育程度以及与身边人的关系等都不一样，所以才会呈现出不同的气场。

当我们把刚才所说的各种决定气场状态的因素都罗列出来，

就会发现：以上几乎所有的因素都可以通过学习而改变！也就是说：气场可以通过以上因素的修炼而提升和改变！这真是一个令人惊喜的发现！或许你以前总是嗟叹自己是个资质平凡、长相普通、不受人关注的"小透明"，或许你正为夫妻关系紧张、孩子教育而头疼，或许你正陷入职业发展瓶颈而不知该如何突破，你感觉自己的生活仿佛陷入一片昏暗之中，茫然看不到方向。而今天这个发现，会让我们燃起无限的希望——**气场可以提升，气场可以改变，气场可以助力我们走出人生困境，活出人生更好的可能！**

这是我自己前半生的成长秘籍，也经过了十年时间、千百位学员成长实例的验证。我的很多学员通过气场课程，不仅提升了自己的外在能力，还激发了自己的生命动力。我们能够通过改变气场活出更好的人生。我们有位女学员，通过气场学习加上自己的持续努力，从一位普通中层成长为上市公司副总裁，她向大家真诚地说："气场，改变了我的后半生！"

如何修炼气场

我们可以通过身语心的全面修炼来提升自己的气场。一个人的气场包括身体气场、语言气场和心灵气场三方面，简称身语心。你可以想象这样一个画面：每个人心中都有一团能量，只是因为当下心灵格局太小、心力不足而无法激活；同时身体和语言的通道又因为成长过程中的创伤或能力局限而产生堵塞，导致整

前言
开启神奇的气场之旅

个人看上去内在没精神、身体没活力、脸上没光彩，走到哪里都没有存在感，感觉活得没意义、没价值。

修炼气场就是要激发你的核心能量，升级你的心灵格局，激活生命的能量，同时打通身体、语言的通道，让你释放出内在光芒，把小火种变成大太阳，温暖并照亮自己和他人。

本书也按照身语心三个模块分为三个部分，各自独立成章，读者可以按需学习，也可以从头开始，循序渐进，全面修炼。

第一部分：身体气场。形象走在实力前面，外在身体能最直观地呈现出一个人的气场状态。这部分内容更适合线下面对面教学。在此，我提炼出了自己十年气场教学中的精髓，可以让大家把握几个核心技巧，迅速提升自己的身体气场。

第二部分：语言气场。语言气场包含的内容是最丰富的，它有两个大的分支：沟通和演讲。这本书关注的是女性成长，所以我选择了更接地气的沟通，为的是让更多的女性朋友能通过有效沟通改善自己的人际关系，发挥自己在生活中的积极影响。我在每一课中都给出了真实的案例，提炼出了实战的方法，让我们能觉察到自己的沟通误区，让人际关系更和谐，生活更轻松。

第三部分：心灵气场。这部分我们将重塑信念，管理情绪，打造自我价值以获得幸福真谛。我们将深入心灵的世界，激发生命的原动力，让生命光芒喷涌而出，闪闪发光。心灵气场的内容包括修炼关系，比如和父母的关系、和伴侣的关系、和孩子的关系、和他人的关系以及和自己的关系。因为生命就是关系，生命就是气场。只修好自己的身语心还不够，还要照亮他人和世界。因此，一个人只有修好所有的关系，才能形成和谐共振的大能量场。而关于气场关系的内容我们也将在另一本书中专门阐述。

本书既有真实的案例，又有扎实的理论和实战的方法。提升气场的过程，就像在打磨自己的人生钻石：一块不被人关注的粗陋"原石"要经过千百次切割，把每一面都精心打磨好，才会在某一天闪耀出璀璨光芒。

朋友们，请让我们一起开启这神奇的气场之旅吧！

目录

第一部分　身体气场： 成为人群中的一道光　　001

第 1 课　　**形象：** 穿对大于穿美　　003
第 2 课　　**穿搭：** 摆脱形象焦虑，穿出气场　　010
第 3 课　　**气质：** 培养一种氛围感　　018
第 4 课　　**强大气场：** 隐形能量助力影响力爆棚　　025
第 5 课　　**亲和气场：** 行为调频，拉近关系　　033

第二部分　语言气场：会说话尽显高情商　　043

第 6 课	沟通：说话是最好的修行	045
第 7 课	倾听：做好他人的心灵"树洞"	053
第 8 课	赞美：悦人悦己，给人能量	060
第 9 课	肯定：客观入心，助人成长	068
第 10 课	情商：会说话，善于软处理	076
第 11 课	同理心：不再好心说错话	083
第 12 课	说服力：四两拨千斤的隐喻沟通	092
第 13 课	还原事实：千万不要无理取闹	098
第 14 课	表达感受：心里有爱要说出来	104
第 15 课	说清需求：清楚说出我想要什么	110
第 16 课	有催眠作用的话术：让人不知不觉听你的	116
第 17 课	化解冲突：润物无声，扑灭冲突三把火	124
第 18 课	解决问题：朋友求助，守好沟通界限	133

第三部分	**心灵气场：** 活出生命的光芒		**141**
第19课	**信念：** 相信什么，就能看见什么		143
第20课	**自拔：** 关注解决和未来		150
第21课	**脱困：** 走出思维困境		156
第22课	**破局：** 打破"应该"，人生不设限		162
第23课	**转念：** 思维转个弯，短板变长板		167
第24课	**激发：** 挖掘意义，激发原动力		172
第25课	**升级：** 积极心态，向上生长		177
第26课	**解压：** 自我情绪管理		186
第27课	**共情：** 有效处理他人的情绪		194
第28课	**自信：** 坦然做自己		201
第29课	**自爱：** 爱自己的人不委屈		211
第30课	**赋能：** 资格感满满能量强		221
第31课	**幸福：** 修好三层基础，拥有真实的幸福		231
后　记	我的前半生		**239**

第一部分

身体气场

成为人群中的一道光

形象可以最直观地呈现你的气场
身体语言的调频可以改变你的气场

第 1 课

形象： 穿对大于穿美

  我们逛书店的时候会发现，封面特别亮眼的书一般更容易吸引眼球，这样的书才更有机会被打开阅读，进而才可能以内容影响读者。这个时代不缺乏有才华、有智慧的人，缺的是被看到的机会。我们每个人都像一本内容丰富的书，但好书也要有好封面。在这个人们看 15 秒短视频都嫌长的时代，很少会有人有耐心通过你简陋的外表去了解你优秀的内在。更多的时候，形象走在实力前面，好的价值也需要好的形象来体现。

  在很多人眼里，你就是你所穿的。有人会说："我知道形象的重要性，我有很多漂亮的衣服，每次出门也都会精心打扮，可总觉得还是气场不足。这是为什么呢？"这很可能是因为你没有穿对。你认为好看的衣服未必适合你，你穿上的衣服未必适合你去的场合。很多时候我们缺的不是衣服，而是把衣服穿得恰到好处的能力。

  我有一位学员华姐是某家公司的高管，身材瘦瘦的，留一头短发，每天都穿着深色的职业套裙。她学习认真，个人素质也很高，我对她寄予了厚望。有一次，全体学员要进行一场演讲比赛，大家认真准备稿件的同时也都去准备比赛服装，好几位同学还特意做了新的发型，整个人看起来焕然一新。而当华姐走进教室的时候，大家却忽然安静了下来。只见她穿着一件黑色紧身T恤，胸前印着一只大狼狗，下面搭配的是黑皮短裙加黑短靴，吹得蓬蓬的短发亮闪闪的，还涂着亮晶晶的玫红色口红。

她羞涩又开心地告诉我们，这套衣服是她老公帮她选的，为她比赛打气。面对她的喜悦，我也不好泼冷水，斟酌词句后对她说："你老公眼光确实……很时尚，周末你们出去玩的时候穿一定很好。只是今天是演讲比赛，还是适合穿得稍微正式一些！"她明显有些失望。穿得时尚不是更好吗？当然不是，现代女性在形象打造方面一定要记住：**穿对大于穿美，得体大于时尚。**

怎样穿才能穿对呢？当你每次选衣服的时候，要先问自己三个问题——"我是谁？我在哪里？我要什么？"这三个问题对应的答案分别是：穿对身份、穿对场合、穿对目的。只要把握了这三个"对"，你就不会穿错，还能事半功倍。

第一个问题：我是谁？

这是要因身份而穿对衣服。我们每个人都同时有好多身份，重要的是分清自己的职业身份和家庭身份。尤其是职业身份，你要明白自己的着装完全是服务于你的职业身份的。比如，医生的白大褂就是他的身份证明，患者看到后就有了信任感；服务员的统一制服就是醒目标志，让我们需要服务时可以找对人；不管企业工装有多老土，我们穿上工装就明白自己是企业的一颗螺丝钉，心无旁骛地做好自己的工作。

我有一位女性朋友是中学教师，她工作第一天给学生上课，穿了一件无袖连衣短裙，因为裙子太短，她在讲台上都不好意思走动，也影响了她抬起胳膊写板书。学生们在下面叽叽喳喳顾不上学习，她自己也感觉很尴尬。作为老师，一定要先考虑自己的职业身份，穿着一定要得体大方。后来只要是在工作场合，她就一定会穿带领、带袖，长度到膝盖以下的服装，只有假期才会恢复自己的时尚着装。

于我而言，我的所有形象打造也都是要服务于我的身份的。在学员或客户面前，我是气场的代言人，尤其是登上大舞台演讲的时候，我必须要穿出强大的气场，往往少不了拖地长裙、夸张的首饰以及浓妆红唇，因为大舞台和学员距离较远，穿着必须要稍微夸张醒目些才有仪式感，体现气场的特质，也体现对课程的重视。台下的学员看到这样超乎他们日常所见的形象，会觉得这位老师好像不太一样，就会对接下来的课程有了期待。这样上台三秒钟就能很快控住场，只要这三秒钟能稳住，接下来的讲课流程就会事半功倍。

很多老师或演讲者都容易忽略形象气场的作用。作为一个素人讲师，只有好的内容是不够的，如果你想让观众或学员更快地接受你、信任你，形象的影响力是最直接的。对于大多数人来说，他们并不是来听"讲什么"，而是要听"是谁讲"。如果你已经有很高的个人品牌影响力了,也许穿什么都无所谓,甚至是随便聊几句也会让很多人津津乐道好久。这就是无形的个人品牌带来的气场。但是作为素人,就算你的话题可能会引起听众的兴趣,也要让他们在看见你的第一眼就确认你符合他们对你的形象期待。所谓形象期待就是你有他认为你的身份该有的样子,如果你第一眼就让他感到失望,他可能就不会再信任你,更别说花时间听你说话了。

我曾经在朋友的推荐下去听一位专家的养生讲座,据说他有很多铁杆学员都是从国外飞了十几个小时回国学习的。我去之前觉得应该会看见一位红光满面、仙风道骨的养生专家,但没想到见到的是一位中年男子。当时他穿着皱巴巴的夹克衫,站在垃圾桶前面边抽烟边打电话,嗓音沙哑,边说边吐痰。这样的养生专家怎么能让人产生信任感呢?也许这位老师有一定的专业能力,但他的形象实在不符合我对养生专家的期待,实在让人无法接受。

第二个问题:我在哪里?

这是要因场合而穿对衣服。到什么山头唱什么歌,到什么场合有什么样的形象。着装不仅要穿对身份,更要穿对场合。

假如我们去参加朋友的婚礼,不顾仪表,蓬头垢面,或者穿工作制服,自然要不得,但是过于"精心"打扮也有问题。如果你穿着袒胸露肉的紧身礼服,烈焰红唇,这样大概就不是去给朋友捧场,而是去抢新人的风头了。这就是典型的穿错场合。参加朋友的婚宴时,我们就是衬托红花的绿叶,就是捧月的群星。穿着要和场合协调，喜庆但不花哨，比如身上带有红色元素，或者明亮的粉色、浅蓝、淡黄等颜色，既时尚也不夸张。我们可以穿休闲点的时装，也可以穿低调的小礼服，这样会有仪式感，又不至于抢了新娘的光彩。

我们平时面对的场合主要有三大类，分别是**公务场合、社交场合和休闲场合。**

公务场合指的是职场、政务、商务、会议等严肃场合。这种场合的着装要以净色套装为主，面料要尽量挺括，注重品质细节，裁剪简洁合体；发型要以简单利落的盘发或短发为主；首饰只要少而精的必要点缀，比如手表是必备的，小而精致的耳钉（杜绝悬垂晃动的耳坠或者夸张的大耳环）、项链或胸针也都是不夸张扎眼的经典款式；妆容也要自然，调整肤色、修整眉毛、涂自然色口红，为的是显示精神面貌好，而不是为了凸显女性美；女性在公务场合拿的包要注重实用性，材质首选以黑灰棕等基本色为主的硬皮质，大小可以装文件，无花哨装饰或醒目 Logo；女性在公务场合的鞋子以经典的浅口中低跟皮鞋为主，不能穿装饰太多、凸显女性特质的超高跟鞋或者过分休闲的运动鞋以及夸张的长靴。这一切都在告诉我们：这个场合是严肃的、正式的，我们都是职场人，要弱化女性特质。因此，我们身上绝不能出现带有惹眼的大花图案和透明蕾丝花边的、过于凸显身材、过于夸张耀眼的浮夸服饰，这些在公务场合会降低你的权威感、拉低你的身份。越是严肃正式的场合，越要穿深色的服饰，款式也越要经典保守。如果是气氛轻松一些的职场或商务场合，我们可以尝试穿明亮的白色、米色、浅蓝色或彩色的套装，也可以搭配图案经典、刺绣精美或质地柔美的衬衫、丝巾。

社交场合指的是轻松的论坛、聚会、酒会，或者各种形式的晚宴、晚会等，还有朋友的婚宴、生日会、同学会等。在这样的场合，你要穿和活动内容风格相吻合的礼服或者时尚衣裙。

白天的社交场合一般穿时尚感、设计感很强的时装或小礼服，往往会出现明亮艳丽的色彩、时尚的大领口、宽腰带、衬托身材的裁剪。如果是晚宴或者大型活动的社交场合，参加者可以根据隆重程度选择长或短的礼服，可以浓妆艳抹、珠光宝气、长裙曳地，配上精致的手拿包，这样才可以显示出对活动的重视。

休闲场合指的是你和家人朋友休闲聚会的场合，这时你就可以按照自己的爱好来穿衣打扮。你的穿着如果以舒适、放松为主，那你可以选择柔软的针织服装或丝绸的带花色图案的衣服。

休闲场合不仅仅适合休闲装、帆布袋，你也可以更真实地做自己，穿上自己喜欢的时装，尽情彰显个性。我认识一位女律师，她工作时主要穿灰色调的套装加白衬衫，头发挽起来干净利索，身上的首饰只有手表，拎的都是能装电脑的直线条公文包。工作之余，她是一位旗袍爱好者，所以休闲场合见到她时，她总是穿着各种花色的改良旗袍，佩戴着玉镯或翡翠等民族首饰，长发飘飘，尽显温柔娴雅。

第三个问题：我要什么？

这是要因目的而穿对衣服。比如，如果你代表公司去和客户谈判，展示的是公司的实力，穿着就要正式而显档次，甚至有必要戴上名牌手表，以显示公司经济状况很好；如果你代表公司去希望小学捐赠学习用品，穿着一定要朴素，可以是帽衫搭配牛仔裤，方便行动，也显得低调随和。

我经常到全国各地讲课，每次讲课前我都会先了解一下当地的文化习俗、地域特征、学员年龄和受教育程度等信息，以此来决定我是穿得保守严谨一些，还是年轻时尚一些。因为老师的形象是课程的一部分，学员看见你的第一眼，就决定了他是否想听你的课。

因此，穿对不一定是穿美，而是要让你的着装服务于你当下的身份，符合所在的场合。围绕着你想要的目的去选择穿戴，才会发挥出你的形象力，让你事半功倍。

做作业啦 [①]

试着为自己做一个符合某种场合的得体的形象设计，可以用文字描述，也可以直接搭配好服装，拍照上传到作业区，即有机会得到老师的点评，也可以看看其他同学是如何搭配的。

---

① 读者可扫本书所配书签上的二维码，添加小助手，获得帮助。

第 2 课

穿搭：摆脱形象焦虑，穿出气场

一谈到穿出气场，很多人很可能会本能地说"我可没那么多钱""我都一大把年龄了""我太胖了""我长得不好看"，好像气场真的只是专属于极少数明星的"物品"。生来平凡的成熟女性往往会有形象焦虑。我们虽然不完美，但是我们依然可以很美。只要我们掌握了以下几点，就都可以穿出自己独有的气场，成为人群中的那道光。

成熟的女性不跟年龄较劲

年龄感是藏在人的气场中的，就算天生丽质加重金保养，也没有人能够抵得过岁月的磨砺。我们不应被席卷网络的白幼瘦、少女感的单一审美裹挟，徒增焦虑感。

成熟女性最好的状态是心态和状态都比实际年龄要年轻，千万不要刻意装嫩。尽量不要再去穿那些只有年轻女孩子会穿的超短裙或充满跳跃色彩的、过分松垮的衣服，不要跟年龄较劲，成熟有成熟醇厚的美。

成熟女性美在气质，美在气场。没有人会像你自己一样盯着你的眼睫毛数一数，甚至你的伴侣都想不起来你具体长什么样。除了明星们上大银幕或杂志封面会被无限放大各种细节，我们看一个普通人时都是看的整体感觉。你身上那股劲儿可以让人精神一振，得体养眼的穿着会让人眼前一亮。举手投足看起来自然舒服，整体效果当然就会很好。

在能力范围内让自己穿得好一点

最高级的穿法应该是新旧混搭，用一两件精致的单品点睛提气。学会穿搭并不需要我们把钱都花在着装上，但至少我们要有一两件能为自己撑场子的衣服或配饰来画龙点睛。不要因为舍不得或者不配得的心理，而找借口排斥贵的衣物。真正的好东西值得那么贵，你也值得那么贵，贵一定有贵的道理。

很多衣物的贵不在于看到的东西，而在于看不到的那口气。我曾经很迷恋裹身裙，就在淘宝上买了几件，几百近千元价格的产品感觉效果也很好。直到有一天我实在抵不住诱惑，就花了几千元买了一条正品。经过对比，我发现正品的版型确实好到无可挑剔，质感更是细腻到无感，光泽都是内敛耐品的。我发现自己穿几百元裙子的态度和穿几千元裙子的态度大不一样，举止更优雅，妆容配饰也更精致，总感觉一举一动都要对得起贵的东西。贵的衣服饰品是有能量的，确实可以为人增彩加分。因此，在能力范围内让自己穿得好一点，肯定气场不一样。

有些人觉得奢侈品都是骗人的。实际上并非如此，先不说衣服的质地、做工、裁剪以及品牌文化的区别，穿的人对待它的态度就有很大的不同。例如，如果你有一条80元的裙子，那你肯定是坐卧皆放松，行动大大咧咧，裙子脏了皱了都无所谓，因为便宜，穿坏了可以再买。如果你穿了一条8000元的裙子呢？你会努力保持身材，免得把裙子撑坏了，还会认真化妆、用配饰来衬托它，甚至连举止仪态都会特别优雅。你一定会不由自主地昂首挺胸，说话也不会再咋咋呼呼了，因为你心里已经有个特别优雅的形象了。对于现代人而言，衣服不仅是用来蔽体取暖的，还是用来显示我们是什么样的人的，可以体现出我们有什么样的审美、品位、价值观、经济条件以及处于什么样的生活圈层，我们就是我们所穿的。

穿衣要重质不重量

衣服要重质不重量。年轻时，我们愿意买十件便宜衣服每天换着穿，那是因为青春无敌，年轻的肌肤和身材就是最好的基础，穿再便宜的衣服也掩盖不了青春的光芒。然而作为成熟女性，身材和肌肤已经不复少女时期的模样了，质地欠佳的衣服很容易暴露自身的缺点。如果买了一柜子的廉价衣服，到了出席正式场合的时候还是会觉得没衣服穿。不如把买十件衣服的钱用来买一件经典的好衣服，这样的衣服穿十年可能都不会走样不会过时，显然性价比更高。每年我们都可以拿出来新旧搭配，依然会显得很有品位。

质地大于款式和色彩。**成熟女性选择服装，一定记得：质地一定要优良，款式要简洁，色彩要低调。**买衣服时，把钱花在优良的质地上绝对是最佳选择！成熟女性不需要靠张扬的款式或者亮眼的色彩去博取眼球。扎克伯格常年穿一件灰色圆领 T 恤，很多人说他接地气，其实他的灰 T 恤是私人订制的高级羊绒 T 恤，他每年都要定制几百件。很多像他一样的人在色彩和款式的选择上或许很低调，但是在衣服的质地上绝不含糊。

很多成熟女性都表达过这样的形象打造需求：

- 我不要在人群中特别抢眼——这是在追求低调含蓄；
- 我要自己喜欢和舒服的品质——这是在追求内在的高贵；
- 我要 70% 的实用性——因为我们还要过日子，还要有工作，实用是最大的需求；
- 我还要 30% 的个性——我不满足于和别人一样，我的内心有一些小个性和小骄傲。

成熟女性可以选择低调、简单的基础款，只要加上一些有设计感的饰品就能随时华丽变身。比如，白天上班穿简洁合体的白衬衫搭配深蓝色高腰阔腿裤，外搭一件浅灰色西装外套，配上精致的珍珠耳钉和胸针，就是妥妥的白领丽人；下了班要去见朋友赴个晚宴，来不及换衣服也不要紧，脱去职场的西装外套，将白衬衫袖子高高挽起，松开领口，隐约露出精致的项链，披上一条色调华美、令人惊艳的披肩，换上备用的高跟鞋，涂上红唇，补个妆，如果再换上摇曳的耳环，那就更显风姿绰约了。

成熟女性要尽量避免饱和度高的鲜亮颜色（除非你的皮肤真的非常白皙细腻），因为鲜亮的色彩往往会显得皮肤黯淡，衣服颜色是用来衬托人的，不是用来抢光彩的。我们可以尽量选择低调、含蓄的颜色，尤其是大面积的颜色更要干净简约。如果担心颜色太沉闷，可以用小面积的亮色或彩色的丝巾、包包、鞋子、首饰来调配颜色，增加亮点。比如穿一条黑色连衣裙感觉太沉闷，可以用暗红色的腰带和鞋子来调色，红唇和红色指甲也是呼应的彩色；冬天为了保暖穿深色高领针织衫担心太老气？那就挂上一条长长的项链，用项链给高领毛衣增加一个亮色的"V型"线条，还有配套的耳环或戒指，一下子就让最经典的高领针织衫穿出了精致感。成熟女性尽量不要穿带有夸张的大花图案的衣服，斑驳的图案会加重彰显我们脸上的纹路、松弛的肌肤，也会让人显得胖。

扬长避短，有亮点

没有多少人是天生丽质的，所以我们穿衣要记得扬长避短。我们可以选择后领较高的V型领，可以在保护后脖颈的同时修饰变宽的脸型和变厚的斜方肌，打造年轻态的天鹅颈。肩线内收、袖洞略窄的合体的衣服能显示出腰身，衣服要裁剪合体，可以修饰体型，又不至于过于紧身而尴尬、过于宽松而邋遢。质地优良裁剪可体的衣服有高级感，也会约束我们随意的举止，增加女性的优雅。

胖人穿衣更要"挺、轻、透"。 首先说"挺"：体型偏胖的女性，首先要穿质地挺括的衣服，如果是过于柔软贴身的丝绸或针织，会贴在身上暴露不完美体型。要利用挺括优质的面料，合体的立体裁剪来修饰体型，为自己"提气"；再来说"轻"：有人觉得自己胖，干脆就穿一身黑色长衣长裤，以为可以收缩并遮挡，却忘了黑色同时也会显得沉重。不如穿些明亮浅色的衣服，会让人感觉轻盈，也能衬托出好气色；最后说"透"：体型偏胖不要只想着遮盖，一个人如果真的胖那是遮盖不住的，还让人感觉穿得层层叠叠，从头到脚像装在套子里一样很沉闷。

再胖的人身上也有相对瘦的地方，比如手腕、脚踝等，那就想办法把这些相对瘦的部位露出来"透气"，比如穿七分袖露出一点小臂及手腕，如果是长袖就记得将袖口往上拉或者挽上去；穿过膝裙或九分裤露出脚踝，配浅口的皮鞋，露出的脚踝和脚面都会因为"透气"而显得轻盈时尚；越是觉得自己脸大或者有双下巴越是不能遮，有女性朋友说自己脸胖所以穿黑色高领毛衣，披着长头发想把脸遮得小一些，其实反而适得其反，会显得沉闷、沉重。所以，如果觉得自己胖更要穿Ｖ型领上衣，适当露出脖子和小部分胸口，会显得灵动透气。请搭配上时尚利落的短发，大大方方地露出额头和脸庞，向着阳光自信地仰起头：就算我真的胖，我也要胖得自信美丽！

饰品要画龙点睛。 首饰、包、鞋子都可以成为增加精致感和品质感的亮点。佩戴的首饰一定要是成套的或至少风格颜色协调，不要出现金色夸张耳环配翡翠挂件这样的混搭。同时要记得：我们不是英国女王，不用时时全副武装、全身闪光。身上的首饰最多不要超过三件，不要在一个小区域内集中太多亮点。比如，如果戴了夸张的耳环，就不要再戴醒目的项链；如果戴了项链，就不要同时再戴胸针，吸引人眼球的亮点最好只有一处。

腰带、皮鞋和包如果都是皮质的，那么颜色一定要协调统一。身体曲线明显、腰身长的女性可以用宽腰带，腰身有点粗的女性要用窄腰带。

保留一点"小叛逆"，不要穿得太规矩。 如果衣服下摆会箍住凸起的腹部，就要把其中一边往上拉一点，斜斜的下摆不对称才时尚；挽起袖子时也是一边高一边低，不要挽得太中规中矩；冬天冷的时候需要一条大披肩？那就更不能规规矩矩两边对称把肩膀脖子裹得结结实实像个老太太，请记得披肩不是用来纯保暖的，披肩更多的功能是为服装配色、利用长线条来增加动感。所以，披披肩一定要一边长一边短，一边搭住肩膀一边就要松松地挂在大臂上，走动时感觉随时有一边要掉下来，一阵风吹来就能看到披肩一长一短在身前身后飘动，增加不确定性的动感，这才是女性的风姿绰约。女性在穿搭方面不必循规蹈矩，比如丝巾可以缠绕成项链也可以做腰带或手环，耳环也可以挂在毛衣上成为胸针，试着打破"规矩"，会有不一样的感觉。

> **做作业啦**

可以精心穿搭一下,拍照上传,与其他同学相互交流穿衣经验。

第 3 课

气质：培养一种氛围感

著名作家金庸对女人的美有独到的见解：**"女人的美，说到底就是一种氛围。"** 这种氛围就是一种感觉，一种味道，就是女性的气质。

气质是一个人天生的特质，是自身呈现的一种氛围，也可以通过环境熏陶和学习培养而改变。气质是气场的内核，一个人的气质会向外扩大散发，和周围的人、事、物形成一种相互影响的场域，就是气场。因此，我们评价气场会用强弱，而评价气质则会用雅俗。如果我们能先修好自身的气质，再把这种优雅美好的氛围向外散发，那就会形成强大而美好的气场。

气质和气场并不是明星或名人的专利，无论你多大年龄、从事什么职业，哪怕是这个社会中最普通的一员，你也可以通过修炼自己的仪态举止来提升自己的气质，并散发强大的影响力。五官、身材的基础确实是天生的，但这并不妨碍你通过改变自己的仪态举止来提升自身的气质。

优雅气质之站姿

"头顶戴王冠，背后有钻石，腰间黄金甲，双膝银行卡。"这是我总结的四句有趣形象的比喻。这几句话怎么理解呢？

头顶戴王冠。想让自己有女王范儿，就别低头，因为王冠会掉，所以一定要保持头正、颈直、下巴收。我们常常称赞并且羡慕舞蹈演员或模特拥有漂亮的天鹅颈，实际上她们的体态也都是刻意练习而成的，普通女性只要用对了方法也可以拥有。你可以用你的头顶探向天空的方向，而双肩往下沉，拉开肩颈的空间，这样就尽量拉长脖颈了。怎么保持头正颈直呢？从侧面看双耳和肩膀保持在一条直线上，下巴往后收，头保持端正。如果头颈前探或者摇头晃脑，你的王冠就会掉。

背后有钻石。假如你有一颗大钻石需要藏在自己的背后，你会不会挺起胸膛，舒展双肩，用两个肩胛骨尽力去夹住钻石呢？一旦缩肩拱背，你的宝贝钻石就会掉了。这当然是一种夸张的说法，因为并不需要我们这么用力地收缩肩胛骨，这是在时刻提醒我们要挺胸展肩，告诉自己"我的后背也无比美丽珍贵"。这种心理暗示会让自己越来越珍爱自己。

腰间黄金甲。腰背挺直就体现了一个人内在的力量与底气，会使人显高、显瘦、有气质、有气场，在人群中容易有存在感。腰是一个人身体的中枢，腰背向上挺直，腹部就会自然收紧，整个人重心就会上移，就会显得亭亭玉立、气场十足。如果一个人总是弯腰驼背，人就会显得没精神，也会显老。一个人要想显得年轻、优雅，身体就要和地心引力做反向运动，一旦你向地心引力屈服了，整个人就会顺势往下弯，往下垂，变得松松垮垮的。所以，你要想象自己腰上围了一圈硬硬的黄金腰带，保持挺胸收腹，人就会精神很多。

双膝银行卡。女性要想变得优雅得体，站立的时候可以保持双腿并拢。如果担心忘了，可以想象自己的双膝内侧要夹着一张银行卡，保持双膝贴紧，这样双脚也会并拢，脚尖自然呈小八字，这样的站姿会让女性显得优雅又有力量。

还有一种 y 字形优雅站姿，就是双脚一前一后略错开，两个脚尖站成小丁字步，从上往下看自己的双脚，像一个小写的英文字母"y"。很多有舞台经验的主持人或演员会经常采用这种站姿，因为这种 y 字形站姿会显瘦。当双脚一前一后，脚尖呈 y 字形，而双腿依然要并拢时，后面这条腿肯定被前面的腿遮盖住了一半，腿部肌肉就会自然地收紧，臀部也会上提。如果身体稍稍转成侧向你的注视者，在视觉上就可以缩减双腿以及身体的宽度，在众人眼里你就"看起来"瘦了。

优雅气质之行姿

优雅的站姿展现的是静态美，那潇洒的行姿展现的就是动态美了。行姿是站姿的延续，所以依然要注意头正颈直、挺胸展肩、腰背挺直。在走动的过程中，你需要注意以下两点：**双膝摩擦走直线**，

控制双肩收大臂。观察一下身边的女性朋友走路，你会发现有不少人走路很松垮，经常弯腰驼背甚至探头探脑，还有两个关键的问题是：两腿走路时分得太开，两臂甩的动作幅度太大。我们都爱看模特走路，显得优雅、洒脱又不失女性美，我们可以借鉴她们走直线的方法。在行进过程中，我们要时刻提醒自己双膝内侧要轻轻接触一下，有点摩擦感，这样双腿就不会分得太开，走路的姿势就会好很多。

控制双肩内收大臂，这也是体现优雅气质的关键。有的女性走路之所以看上去像"女汉子"，大多是因为走路时双肩摇晃，手臂甩得太开，整个人都会显得过于豪放和松垮。所以，女性行姿首先就控制好双肩，肩胛骨向后夹住"钻石"，同时控制大臂向内收，腋下略微夹紧，尽量只轻甩小臂。这样配合挺直的腰背和天鹅颈，以及走直线的双脚，就会成为一道行走的风景。

优雅气质之坐姿

我参加过一个疗愈课程，当时教室里摆了一圈椅子，中间区域用于疗愈个案。因为课程期间学员们会参与活动，所以要穿宽松的休闲服，不能化妆、不戴首饰，我身上没有任何可以增加气场的外在元素。可是一连两天，我身边的座位都空着没人坐，同学们都宁愿坐在对面挤在一起也不过来。到第三天大家逐渐熟悉了，才有同学跟我说："你气场好强啊，像女王一样，我们一开始都不敢坐在你身边。"我也好奇地开玩笑："我这两天穿得如此休闲普通，又没戴王冠，怎么像女王呢？"这位同学认真地说："你坐在那里一直腰板挺直，就像女王一样……"可见，有时候气场不一定是因为你天生丽质，或者华服加身，更多的时候优雅的身姿仪态就能呈现你内在的光芒。

在正式场合的端庄坐姿，核心要素有三点：三直二平一并。三直是颈直、背直、小腿直。小腿直是说小腿要垂直于地面，大腿和小腿弯曲呈90度角；那二平是什么呢？一是头要平，不要头颈前探，更不要摇头晃脑；二是身体重心要平稳，不要东歪西倒。最后"一并"指的是双腿一定要并拢，这是女性和男性最根本的区别。男性要体现出阳刚之气，所以无论站还是坐都提倡双脚分开与肩同宽；而女性要体现阴柔之美，无论是坐、站还是动态的行动，双腿并拢保持内敛会显得更优雅端庄。如果你是在很正式的场合，尤其面对的又是领导或前辈，就不要把椅子坐满，而是坐三分之二或者二分之一，保持重心平稳、上身略微前倾，这是最恭敬得体的坐姿。

在大公司里做行政秘书的小林曾找我诉苦说："我陪领导去见大客户，穿着职业套裙，结果客户办公室的沙发比较低，我个子高又穿着高跟鞋，按端庄坐姿的要求小腿垂直于地面，结果膝盖比大腿还高，本来正常的裙子就显短了，搞得我一直紧张地用手捂住裙摆，实在尴尬……"

如果你也遇到了这种情况，其实可以采取**斜摆式坐姿**，既保证端庄优雅，又能避免尴尬。我们可以先以端庄式坐姿要领入座，大腿和小腿呈90度直角，这时将并拢的双脚同时平行向左或者向右移动两个脚位，从正面两条小腿斜着摆放，就可以避免坐在低矮处造成膝盖比大腿还高的尴尬局面。同时，斜摆的双脚可以绷直脚背，让脚尖、脚背和小腿尽量保持一条直线，这样在视觉上等于拉长了腿部线条，拍出的照片尤其优美。很多女主持人、明星做媒体访谈时都爱用这种斜摆式坐姿。

还有一种坐姿就是**叠放式坐姿**，也就是我们常说的跷二郎腿。无论腿长腿短，只要掌握了要领，每个人都能做出女王范，还一定会让你的腿比本来的状态显长显细，完全不用人工修图。叠放式坐姿是在斜摆式坐姿的基础上，把一条腿叠加上来，就是我们平时说的跷二郎腿。但要注意的是，两条腿上下叠放时保持平行，并且上面的脚的外侧要紧紧地贴在下面的腿的小腿肚上，保证上面的小腿肚子贴在下面腿的膝盖外侧。这样的坐姿，可以从视觉上将一个小腿长度拉长为一个半小腿的长度，并因为两腿紧紧贴在一起还会从视觉上变细了。这就是很多女明星能拍出美照的秘密。

活成自己喜欢的样子

有一次，我辅导一位姑娘体验优雅站姿和坐姿，还没一分钟她就喊："太累了，太麻烦了！我还是做女汉子吧！"我就问："你觉得怎样坐不累呢？"只见她顺势腰背一弯就仰躺在椅子里，身体歪斜，双腿分开，整个人瞬间就松懈了下来。然后她说："你看这样多放松，多舒服啊，你要我那样坐，我会腰疼的。"

很多人都误认为坐直了会腰疼，其实不管是中医还是西医都告诉我们，坐姿端正才能防止腰椎变形。最伤害腰椎的姿势就是长时间弯腰驼背或者半仰躺在椅子里的所谓"放松"姿势。中医提倡的健康坐姿是"坐如钟"，指的是像一口钟一样重心稳定、四平八稳。保持腰背挺直，大腿平行于地面，小腿垂直于地面，可以用双腿分担腰椎承受的压力，这才是真正保护腰椎的健康坐姿。一个人只有坐姿和站姿健康端正，浑身的气血才会运行通畅，才能在长时间保护身体健康。

如果觉得这样坐着累，那是因为你还没有形成新的肌肉记忆。所有健康美好的身姿仪态都需要一段时间的刻意练习才能成为肌肉记忆，甚至变成你的本能反应，然后你就不会觉得累了。

也许有人觉得这样坐着太装了，感觉不自然。可是谁不向往美好健康？谁不欣赏高贵优雅？如果我们可以让自己"装"成自己都欣赏喜欢的样子，那何乐而不为呢？松垮未必是自然和健康的。我们一定要活成自己都喜欢的样子。

做作业啦

给自己拍张站姿照片，看看是否符合我们所说的四要素。如果你暂时还没做到，可以扫码上传到气场平台，看看各种站姿的正确示范。

第 4 课

强大气场：隐形能量助力影响力爆棚

气场这个词从开始进入人们的视线，就被称作"全世界高端人士都在运用的成功秘密"。很多名人大咖在媒体或舞台上演讲、受访时，他们表现出的那种自信飞扬、挥洒自如往往可以获得无数人的钦佩和仰慕。很多人都渴望自己也拥有这样的强大气场，因为大多数人认为这就是成功的象征。

如今很多优秀的女性都走在时代前沿，她们经常会走上大舞台或者自媒体向世界发出自己的声音、发挥自己的影响力，气场就是助力她们影响力爆棚的隐形能量。我在气场课程中辅导过无数个职场小透明走向职场晋升之路，也帮助过很多女性找到自己的人生方向，这其中更有数位成功的典范：有人从企业中层成长为上市公司副总裁，领导全球 32 万员工；有人从黄土高坡走上联合国演讲台；还有很多著名的企业家、外交人员接受气场私教课后走上了国际论坛受访或演讲，展现中国当代女性刚柔并济、优雅端庄的强大气场。呈现强大气场需要把握这三个要素：稳定、高大、上升。

强大气场三要素之稳定

什么叫气场强大？气场强大说明你的内在力量强大，所以"泰山压顶而不惊，无故加之而不怒"。这个"稳定"包含了身体稳定、位置稳定和眼神稳定。

身体稳定。一个人在舞台上或者镜头前，所有的动作和表情都会被放大上百倍，所以这时候的行为表现一定要高于生活，摒弃那些不经意的小动作、小表情，比如下意识地揉鼻子、眨眼睛、舔嘴、抖腿等。我用自己 20 年的舞台和媒体经验告诉各位：能够在万众瞩目中闪闪发光的人，一定是能控制自己身体行为的人。这种控制来自专业练习，很多领导人、企业家们都有专业团队为他们打造形象、训练仪态举止和公众讲话。

身体语言是内心状态的体现，所以一个人的身体稳定就代表着他有强大稳定的内心。具体指哪些呢？比如，站或坐都要保持重心平稳、腰背挺直，不要站在那里一条腿长、一条腿短地身体乱晃，或是弯腰驼背、斜胯歪头，会让人觉得你萎靡不振。当然，私下里摆出什么样的动作其实没太大关系，但是在公众场合，女性的气场就是端庄中正、积极向上，这样才会更有影响力。

我们在公众场合讲话时会辅助一些手势动作增加效果，**这些手势动作一定要适当放慢速度，还要"打得开，定得住，收得回"**。因为众人看你这些动作时，就像看舞台表演或影视剧一样，他们的大脑需要有接收信息并转换信息的过程。如果你的手势动作都像日常生活中一样零碎快速，那在对公众讲话时就无法产生肢体语言应有的影响力。因此，要有控制地舒展地做出手势动作，适当定格一会儿，收回动作时也要有控制地收回，而不是做了一个漂亮大气的手势后，手忽然软塌塌地无力地垂下来，搞得一惊一乍失去美感。

位置稳定。稳定是相对稳定，我们不可能为了稳定而一动不动。在舞台上的演讲者也需要适当地走动，才会显得气定神闲、自然放松。不过要注意，这个走动要定点、定区，在一定范围内移动。比如，舞台上的黄金点就是灯光最明亮集中的区域，一般位于舞台正中间稍微偏左或右一点。这里就是你演讲时需要定好的中心点。整场演讲大概有 60% 的时间你要位于这个点上，要在观众的视野里有个相对稳定的画面，这就是定点。剩下 40% 的时间你可以移动。当演讲过程中需要和左边的观众联结了，你就可以从定点出发，一边说一边走，慢慢地踱步到左边和观众对话。等联结够了之后，你可以再慢慢地边走边说，从原路退回到定点，在这个定点上继续演讲，要让大家心目中有一个稳定的画面。再过一会儿需要跟右边的朋友们联结了，你就用同样的方法走过去，沟通完再边走边讲，慢慢回到定点。这个从定点到左右移动的区域叫作定区，在这个范围内有规律地移动，你整个人在舞台上的气场就是稳定的。

有些演讲嘉宾缺乏舞台经验，上台后可能站到舞台边角，灯光都打不到他脸上，然后又忽东忽西来回乱走，再加上站不稳、站不直、手势乱晃，整个场域内的气场就会折腾散了，导致观众们很难集中注意力。

眼神稳定。眼睛是心灵的窗户，一个人内心的力量，最直接的传输窗口就是眼睛。坚定明亮的目光最能体现一个人的气场。当年孙正义见马云，10分钟就给了他2000万美元的投资，国外记者采访孙正义时问原因，他说："我看到马云的眼睛里闪着光，我感受到他身上有种能量，一定可以影响到很多人。"

目光也最能暴露一个人的真实心态。如果目光躲闪，眼珠子滴溜溜乱转，会让人感觉此人心术不正；而眼睛里没光、目光呆滞的人一定是生活麻木的、看不到希望的人。我以前经常做一些大赛的评委，看多了会觉得舞台上选手的表现都相差无几，这时候只要有某位选手能自信地看着评委展露微笑，让我们看到她明亮的目光，那评委对她的印象分就会提高。谁不喜欢一个自信阳光的人呢？如果想在公众场合展示你的气场，那就一定要敢看、会看。

怎样才算会看呢？首先体现在目光的转换要适当放慢，并要有稳定移动的轨迹。你看向一个人的时候，目光联结要超过三秒钟，用你的目光传递出你的尊重、善意、友好。需要转换目光的时候，千万不要迅速一闪或眼珠滴溜一转，而是要沿着一个虚拟的轨迹，慢慢地稳定地从A点到B点转换。眼睛转向幅度小的时候，脸要跟着眼睛一起转，如果眼睛转向幅度大，上半身要跟着转，幅度再大时整个身体要跟着转过去，这样无论你打算看谁，都会给人留下一个"**正视、正面、正向**"的好印象，让对方觉得你对他很尊重。正视、正面、正向的力量有多大呢？你可以和朋友一起体验一下。假如我跟你说话时，眼睛看着你，可我的脸和身体都是侧向另一个人的，这是什么感觉？这分明是斜着眼睛看你，你会舒服吗？如果我的眼睛和脸都是朝向你，可是身体方向却是朝着另一个人，你会觉得我只是临时敷衍你。如果我们对人的态度是这样，那怎么可能有深度的联结？怎么可能有更强的影响？所以，一位气场强大的演讲者或一位有经验的主持人，在台上的时候都会保持身体稳定、看人的时候正视、正面、正向。

气场就是一个人的能量场。作为演讲者，你在舞台上或公众场合中，就是整个场域的定海神针，只有你身体稳定、位置稳定、眼神稳定，你才能够影响到全场的人与你一起同频共振，形成一个强大的能量场。

强大气场三要素之高大

请在你脑海里想象出你认为有强大气场的人，有没有发现你会下意识地仰望他？我们本能地认为气场强大的人是成功者、是领袖，比我们更高、更强、更大。反向思考一下，形象高大就会增强你的气场。也许有人会说："这点就没办法了，我身高有限啊！"别担心，我们可以从视觉和心理上"增高"。

体态增高。历史上的很多伟人、领袖和现代的很多名人大咖个头也不高，但他们内心坚定、胸怀大志，相应地体现在目光坚定，昂首挺胸，并且会气定神闲，行动稳重。因为对于他们而言，没有什么事是值得他们大惊小怪、惊慌失措的，一切尽在他们的掌握中。

女性在公众场合，尤其在舞台上，一定要让自己站出高度、站出风度。你一定要把握我们之前提到的四句原则——头顶戴王冠，背后有钻石，腰间黄金甲，双膝银行卡。想呈现强大的气场，最核心的就是腰，只要你腰背挺直，自然就会收腹挺胸，你的身体就是向上生长的，就是底气十足、卓尔不群的。为什么我们看到军人都是气宇轩昂的，甚至有些退伍多年的老兵看上去依然正气十足，让人不由地肃然起敬？仔细一观察就发现，他们一直保持着腰背挺直、昂首挺胸的体态。

我经常会被人称赞气场很强，其实有很大一部分是体态身姿传递出来的，无论是站坐行，无论是在公众场合还是一个人独处，我都会很自然地挺直腰背、收腹挺胸，这已经成了我的本能反应。因为这种体态和气场，我在一些场合往往会更受关注，甚至会得到一些特殊的优待。例如，有一次我和朋友约好去一个高端别墅区去见客户，她到得早，结果被门卫拦住坚决不让进，等我到的时候，门卫赶紧为我开门，什么都没问就放行了，还顺带让我朋友也进来了。我朋友哭丧着脸跟在我身后说："门卫真是势利眼，把你当业主，把我当你跟班的了……"我忍不住笑起来，拍拍她的腰："把你的腰背挺起来，胸膛挺起来，就没人敢小看你！"

形象增高。当然，我们必须承认，身材高大确实会在气场呈现上占优势。虽然我在生活中真的会发愁自己长得太高了，可到舞台上这样的个子又真的很压台，也很有利于控场。对于观众而言，舞台又高又远，一个人站到舞台上真的会显得很渺小。因此，如果你今天去的是大舞台、大场合，一定要通过形象打造让自己增高变大，气势增强。

舞台高于生活。在舞台上要穿仪式感、设计感强的衣服，千万不要把你平时穿的布袍子、平底鞋、套头衫搬到舞台上去。如果你非要抬杠说：乔布斯不就穿牛仔裤演讲吗？樊登不就是穿套头衫出镜吗？董明珠穿的花裙子看上去也没有那么贵啊。那是因为他们的个人品牌影响力已经很强大了，个人的成就已经非常耀眼了，外在服饰的作用就会减弱。如果你暂时还没有这样的影响力，可以先遵循基本原则，这样做事才能事半功倍。上舞台的时候，更好的做法是穿高跟鞋，发型也尽量吹得蓬高一点，要穿大面积净色、长线条裁剪的衣服，衣服的精华部分尽量集中在上半身，比如戴一枚精美的胸针或者惊艳的丝巾。另外，手势动作尽量要在胸以上的位置，这样会把观众目光往高处吸引，本能地觉得你好像很高大。

强大气场三要素：上升

曾经有不少气场学员跟我说："每次来北京上气场课，我都感觉体内的能量在不断地上升。"是的，这确实是气场强大给自己和他人带来的感觉。这种积极向上的感觉可以体现在身体姿势上。

我们知道人在恐惧害怕时会本能地收缩身体，呈现出封闭式姿势，自卑拘谨的人会低头拱背，手势很少。因此，放松的开放式姿势代表一个人内心坦然无惧，从容自信。要在舞台上或公众场合呈现强大气场，就要多用放松开放的姿势，比如张开双臂像要拥抱世界，抬起手臂指向远方，好像看到了美好的未来。这里的关键就是打开腋下，只有你的大臂打开了，整个姿势才会真正显得开放、高大。

另一个要领就是手势要多在胸部以上的位置，并且保持静态和动态上升。所谓静态上升，是指一个手势做出来，手指尖总是比手腕高、手腕比手肘高，它呈现的是一个向上的态势；所谓动态上升，就是指手势要从低处起，到高处停，好像总有能量在冉冉升起，这样可以给人一种暗示：升高、变大、积极、向上。

作业来啦

你可以结合本课所学，拍一分钟的演讲视频上传到气场平台，并提出自己的问题。你将有机会得到助教老师的解答和帮助。

第 5 课

亲和气场：行为调频，拉近关系

我的气场班有很多优秀的女学员，其中有一位女企业家，既漂亮又有才华，曾经登上过联合国的演讲台。她的先生听说她要来学气场课的时候都急了，调侃说："你气场够强了吧？每天你一进家门，只要院子里高跟鞋哒哒哒一响，咱家的狗都不敢乱跑了，你还用学气场？"实际上，很多人对气场存在误解，觉得有气场的表现就是霸气强势，看起来高高在上。实际上，过于强大很可能会让他人产生排斥力，让人感受到压迫与控制。

老子说"上善若水"，气场也是如此。诺贝尔和平奖获得者特蕾莎修女身材矮小，衣着简朴，可见过她的人无不为她那种强大的气场光芒所吸引。如果你的气场也是亲和温暖的，就会让人自然而然地接受你、信任你、喜欢你，和你在一起感到舒服放松，不知不觉地接受了你的影响。如果我们可以在谈笑间就让第一次见面的客户信任自己，那何乐而不为呢？通过对自己形象和行为的调频，我们也可以拥有这种亲和力气场。如何通过行为调频，让自己拥有招人喜欢、受人信任的亲和力气场呢？

第一点是相似。 我在 2016 年新年举办了第一场气场公开课，参加课程的几十位学员来自全国各地，之前我们都没见过面，他们都是被"气场"这两个字吸引而来的。那时我的女儿正上中学，趁寒假她也到课堂里去帮忙，一进教室就吓了一跳，晚上回家她对我说："妈妈，我看见满屋子都是'你'。"她说看到几十位学员都和我有相似的地方，有些是长相发型像，有些是穿着打扮像，有些就是举止气质像，哪怕其中还坐着几位男士，都感觉这一屋子的人都属于"一类人"。我女儿好奇地问我："为什么会这样呢？"我笑着回答："因为我们都有一样的'气场'啊！"正所谓"物以类聚，人以群分"，频率相近的人就会相互吸引。人们看到和自己相似的人，会本能地感觉他和自己是一个群体的，会感觉熟悉和安全。人们都喜欢和自己相似的人。因为每个人内心最熟悉的就是自己，最认同的就是自己的审美和价值观。因此，如果你需要接近对方，和对方建立良好的关系，那就可以利用人的这种心理，做你们之间的气场调频，利用相似性来拉近关系。

比如，很多国家的领导人到其他国家友好访问时会穿上这个国家的民族服装，而这个国家的欢迎仪式也会用上很多对方国家的元素，这都是在表明"我在主动地向你接近，用相似性表达我对你的尊重"。

我们在生活中运用好这种相似性就可以增加亲和力，也会有良好的人际关系。我有两位忘年交，他们是一对很有名望的夫妻，老先生是画家，老太太是音乐学院的教授。虽说现在他们已经功成名就了，但毕竟都是从苦日子过来的，夏天老太太在家里往往就是穿件破旧的大汗衫，举止也很随意。

我刚开始去她家的时候，总想表现得我特别有礼貌、有素质，每一次都穿得很讲究，还化着妆、戴着首饰，坐在人家的沙发上，腰板笔直，笑容职业。结果，每次都是跟老太太寒暄几句就说不下去了，气氛很尴尬。为什么？因为我们两个人的形象和行为举止距离太远了。后来，我学过心理学后才明白了，显示出近似性会拉近双方在心理上的距离。再后来我每次到他们家的时候，都会穿上休闲装，就算化妆也只是化淡妆。我会和老太太一起歪在沙发上嗑瓜子聊家常，听她讲讲她年轻时的故事，跟她学学素饺子怎么调馅更好吃，这样两个人的关系迅速就拉近了。现在，老太太看我就像看闺女一样喜欢。

第二点是相向。相向就是和别人交流时身体要保持正视、正面、正向。也就是说，我的眼睛看着你，我的脸要面对你，我的身体要朝向你。这三点协调统一就能表明我对你的坦诚、尊重，表明我要和你深度联结。

正视。如果人与人之间没有目光的联结，那就无法真正建立起关系。人与人心灵的联结来自彼此目光的联结。

小孩子闹情绪的时候会说："哼，我再也不理你了！"一般说这话的时候都会伴随一个动作，就是扭过头去眼睛看天。孩子在用人类本能的肢体语言告诉对方："我看不到你，就代表你在我的世界中不存在了。"断开目光的联结就意味着"我要主动把你从我的世界中移除"。很多父母教育孩子跟大人讲话要有礼貌，说话时眼睛要看着对方好好说。如果你跟人沟通时眼睛都不去看对方，就说明你心里没有他，你也不可能关注到他真正的需求。因此，用眼睛看着对方说话，表达友好和善意，做好心灵的联结，这是拉近关系非常重要的一步。

看人是有学问的。要从眼睛正中间去看人，这就要求至少脸要正对着对方，眼睛才能保持正视。如果脸向外，眼睛斜看过来，这就是我们平时说的"不正眼看人"，会给人一种心术不正或者行为不端的感觉。更有甚者，有人会斜着眼睛从上至下地打量人，这都是对他人的轻慢。

平视。我们除了要正眼看人之外，还要注意视线的高度。如果一个人总是昂着头仰着下巴，看人的时候从上往下俯视，就会显出他的强势、傲慢以及内心的优越感。我们会说："这个人鼻孔朝天，不把人放在眼里！"

如果一个人总爱低着头，视线从下往上仰视，就会呈现一种长不大的孩子气。为什么会有这种印象呢？这也是很多成年人的心锚记忆。孩子小的时候总是爱抱着爸爸妈妈的腿，头朝上仰望着恳求要玩具或者希望大人带自己出去玩。于是，我们逐渐形成了一种印象：这样的目光代表听话、乖巧、柔弱、楚楚可怜，让人不由自主地想去保护和照顾他。有的女性平时喜欢从下往上看人，她的目光就会显得柔顺、乖巧，会让男性产生保护欲。如果一个女性平时在职场或者社会中也总是这样看人，就会让人感觉她不够成熟，甚至会怀疑她的职业能力。

要真正呈现出自信、坦然、有力量的目光，就要保持正视、正面以及身体的正向，眼睛平视保持不高不低不偏不倚，这样可以显得不卑不亢，也能显示出友好和善意。我们要用自信的目光去和他人联结。

正向。身体保持正向，即身体正面朝向对方，这个细节很容易被忽略，但这一点又是影响我们在他人眼中印象的关键。身体语言专家们认为，人的身体是最诚实的，一个人身体的朝向能够显示出他内心最真实的态度。有一位国外女政客，她在竞选中的支持率总是上不去。调查显示，民众对她的印象是虚伪、不真诚。但是，每次她在民众之中也总是笑容满面地与大家握手或挥手打招呼，显得热情周到、平易近人。到底哪里出问题了呢？后来有一位身体语言专家发现了其中的奥妙：这位女政客每次在人群中要和很多人握手时，总是恨不得一身多用，左手拉着 A，右手握着 B 的手，眼睛看向 C，可身体已经着急地朝向了 D，这样给人的感觉是对谁都是敷衍的，没有足够的尊重，所以才给民众留下了"虚伪、不真诚"的印象。

我们平时生活中也有过这样的经历，如果一个人跟你说话的时候只是扭着头看着你说话，身体并未转向你，这就明摆着是说几句就算了的感觉。向人表达尊重时，尤其是初次见面时，身体一定要正对着对方才能表达真诚与尊重。坐下来沟通时，就算身体无法正面朝向彼此，肯定也会调整身体的角度，斜着朝向彼此也能显出主动接近、联结的意思。

第三点是联结。亲和气场是一种很舒服自然的吸引力，让人不由自主想接近想联结，最直接的当然就是拉近距离。

主动走近，这是最直接的联结方式。不过要注意这个距离的界限，如果是亲人、爱人以及好友之间，0.5米以内的距离最能体现出关系的亲密。如果是普通朋友或同事，1～1.5米左右是最佳社交距离，彼此既可以亲切交谈，又能保持安全界限。而人与人之间的距离如果大于2米，彼此一定是不熟悉的，会相互保持客气并心存戒备。社恐的人一般都会主动离人远一些，如果有人太靠近自己了，他们就会感觉不自在甚至想逃离。因此，拉近距离一定要有度，不是越近越好。有一个简单的联结方法更适宜，就是身体前倾。

身体前倾，是指上半身可以主动倾向接近对方。这个动作不是弯腰，弯腰会显得卑微。身体前倾时，上半身略微倾向对方，要保持腰背挺直。如果是站立状态，可以双腿前后略微分开一前一后站着，身体重心放在前脚掌，这样能让你在保持腰背挺直的状态下，让上半身倾向对方，会显得亲和、谦虚，并表现出主动接近的态度。主持人和演员在舞台上一般都会采取这样的身姿，显得端庄优雅又亲和力十足。

除了身体前倾之外，还可以"身段柔软"。我们要的是强大的气场，怎么还要柔软呢？牙齿坚硬，衰老时所剩无几，舌头柔软，却至死不烂，这就是"柔软胜刚强"。因此，真正强大的气场具有长久的影响力，而不是短暂的刚强；真正强大的气场极具包容性。就像成熟饱满的稻穗，它的头会谦卑地低下来，身段柔软却充满力量；越是肚子空空的稻穗，越会不可一世地显露锋芒。我们要认识到柔软的力量。亲和谦卑，身心柔软，更能显示出内在的高贵。

也许你是荧屏上优雅端庄的女主持人，平时总是穿着高跟鞋亭亭玉立，可是采访坐轮椅的年迈学者时，就需要自然地蹲下来，甚至是采取半跪的姿势；看到个头比较矮的男士，握手时就需要关注到对方的感受主动屈膝半蹲，放下身段来配合对方。有些女性领导人虽身居高位却亲切随和，尤其是看到小朋友来献花，会主动身体前倾，微微弯腰向孩子表示感谢，双手接过鲜花的那一刻，我们可以感受到她身上母性的光辉。

还有一个更重要的联结就是面带微笑。我们都喜欢面带笑容的人，笑容代表着喜悦、放松、安全。爱笑的人确实人缘会更好，因为人的本能都是趋利避害的，都想接近阳光的、积极的元素。谁喜欢天天和一个愁眉苦脸、尖酸刻薄的人待在一起？所以说，除了化妆打扮之外，我们最好的妆容就是笑容。

有不少人可能会说："我不想笑，因为我笑起来不好看。"没有笑容是不好看的，除非你的笑容不是发自内心的喜悦，或者没有做好表情管理。表情是一个人凝固的相貌，微笑是最好的名片。悦目又自然的微笑是可以练习出来的，很多明星以及主持人会刻意练习找到自己最佳的表情。你也可以从刻意练习开始，使微笑逐渐变成你的本能反应。当然，更重要的是它会带动你的内心体验发生变化，使你的笑容充满感染力。

有一个非常简单的微笑练习方法，每天早晨你穿好衣服化好妆后，可以对着镜子真诚地缓慢地说三个字："我有钱。"尤其是最后一个"钱"字，一定要用很慢的、饱满的声音念出来。因为"钱"这个字的发音过程，就是嘴角逐渐上扬、展露笑容的过程，所以你一定要慢慢地、认真地把这个"钱"字说出来，这样你就会呈现出一个自然又悦目的笑容。更重要的是，你的内心也会充满喜悦，因为你感觉自己充满了能量。当你每天这样对着镜子里的自己大声说出"我有钱"这三个字时，就是在启动吸引力法则，在给宇宙发订单，内心充满了对钱的渴望，就会生出努力赚钱的内在动力，财富能量自然就会真的向你涌来。这样的笑容就像涟漪，一圈一圈地外延，感染遇到的每一个人，包括你的同事、客户甚至是偶遇的路人……你身心喜悦地送出微笑，就会收获更多的微笑，你内心的体验也会越来越美好。当周围的人经常看到你的笑容，就会在心中留下这样的印象："她每天面带笑容，说明她生活得挺好，说明她经常遇见好事，她的性格应该比较好相处……"慢慢地，喜欢你的人会越来越多，你的人缘也会越来越好。如果你每天都面带笑容，就会让人感觉你好像没把压力当回事，领导会觉得这样的员工值得培养，这样的人值得信任，你的客户也会更加赏识你……你会发现机会越来越多，运气似乎也越来越好，你的人生真的发生了改变。

我们生活在关系的世界里，主动做好行为调频就是为了和他人有更多的联结，建立良好的人际关系，获得他人的信任和喜欢。而本质上这是为自己而改变，让我们可以获得内心的轻松、满足，活出喜悦的人生。

做作业啦

试着用上面的三种亲和力气场的方式，去和身边的朋友多做联结，然后将收到的体验和结果记录下来发到气场平台，看看你是否具备了想要的气场。

第二部分 语言气场

会说话尽显高情商

我们并不缺乏爱与智慧
我们缺的是表达爱与智慧的能力

第 6 课

沟通：说话是最好的修行

中国有句古话："良言一句三冬暖，恶语伤人六月寒。"我们的每句话都是先经过大脑思考，调动了我们的情绪反应，影响了我们的身心之后，我们才说出口去影响他人，所以我们的每句话都有能量。美好的话语和情绪会先滋养说话者的身心，然后再去温暖他人。"福往者福来，爱出者爱返"，那些常说真诚良言的人的周身总洋溢着喜悦平和的气场。

有的人说自己是"刀子嘴豆腐心"。实际上，刀子嘴都有一颗刀子心。这样的人往往是因为内心有太多的愤怒不满，所以才会口出恶言以求自己内心的平衡。还有人说："我这人说话就是比较直……"其实这句话的潜台词是："你不值得我在意你的感受，所以我爱咋说就咋说，你爱咋地就咋地。"怎么说当然是一个人的权利，只是这样的人一定会处处碰壁。

说话最能体现一个人的思想内涵，沟通最能体现一个人的情商

高低。那些说话恶毒的人总是满身愤怒、满脸愁苦,因为他的身心早已经被恶言恶语的能量浸泡透了。说话是我们最好的修行,沟通可以温暖彼此的心。说话之前,我们可以先自问三个问题。

第一,这句话会让对方增加能量还是减少能量?

什么样的话会增加人的力量呢?那一定是让对方感受到被尊重、被理解、被认可的话。我们可以举一个简单的反例。我女儿高中时有一次跟姥姥打视频电话,刚亲亲热热地喊了一声姥姥,老人家上来就说:"哎呀,宝贝,你看你这大胖脸,怎么还长这么多痘痘啊?"这句话就像一盆冷水浇下来,让正是爱美年纪的闺女瞬间没了说话的兴致。老人其实觉得这是在关心孩子,可孩子却觉得这话戳到了她的痛处。后来我一说让她跟姥姥视频,她就变得磨磨叽叽的,实在拖不过去了也只愿意打语音电话,好长一段时间她都不愿跟姥姥视频通话。

其实,别说孩子了,就算成年人,如果听到别人上来就说"哎,你今天看上去脸色好差啊,你最近公司的麻烦解决了吗?你这件衣服不太适合你吧……"你是不是瞬间就泄了气?

或许有人说:"难道这是鼓励大家只说虚伪讨好的话,都不说真话吗?"我们当然要说真话,但真话就一定是难听的话吗?有效的沟通形式有很多,我们完全可以选择又说真话又能让人舒服接受的表达方式,体现真性情并不等于要给人兜头泼一盆冷水或一刀扎心。

很多孩子在成长过程中是欠缺赞美和肯定的。我有一位咨询者是"90后"的姑娘，她的父母有句名言："优点不夸不会跑，缺点不说不得了。"所以她小时候就是在父母的各种批评否定声中长大的。小学时期她还乖乖听话，上了初中就开始有不满和叛逆了。有一次因为没考好被父母责骂了，她就把自己关在房间里两天两夜没出屋。她父母竟然在第三天直接打120强行把她拉进了医院的精神病科，非说自己的女儿情绪不稳定、精神不正常。这样折腾几次后，她真的患上了双向情感障碍，常年需要吃药。她的情况真是让人感到难过。

还有一位50岁出头的女士因为感情问题来找我做咨询。她经历过两次失败的婚姻，现在有一位比她小10岁的男友对她呵护备至，按说她应该很幸福，但她总是皱着眉头挑剔批评男友，最后她的男友实在受不了了："你就不能说句好听的话吗？"她却说："我说不出来啊，我就是觉得你浑身都是缺点！"在咨询的过程中，我们追溯了她的成长过程，才知道她小时候就是在妈妈的各种责骂批评声中长大的。她未曾得到父母的爱的滋养，所以也不会更好地去表达爱，导致她的两次婚姻均以失败告终，现在的恋情也岌岌可危。

良言一句三冬暖，一句话甚至可能会影响他人的一生。多说一些为他人增加力量的话，可以帮助他发现未知的自己，成为更好的自己。

第二，这句话会让对方增加选择还是减少选择？

也经常拿着自己的"应该"去指点别人的人生。千万不要拿你的经验去给别人下论断或指点方向，让他减少了自己人生的可能性。若干年前，我就特别喜欢对别人的生活指手画脚，给人指出方向还想让人家必须去做。我有一位大学女同学曾向我哭诉说："我这日子没法过了，这几年我老公开始打我，快把我打死了，我还怎么活呀？"

我听得义愤填膺，劝她赶紧离婚。我三下五除二就给她指明了方向，并且想拉着她去找我的律师朋友。刚才还哭得凄凄惨惨的她忽然拉住我的手臂，颤抖着声音问我："离了婚之后该怎么办？"原来她内心根本就没有做好准备。在我和很多朋友看来，离婚是最好的解决办法，但我们不是她，无法知道她内心的顾虑和恐惧，无法对她这样选择的后果负责，所以她自己的人生只能她自己做出选择。

很多人来找我们诉苦的时候，其实是希望得到我们的理解、接纳和认同。就算有人对你说他惨得不行，希望你帮他指点一下，你最好也不要直接给出论断，因为适合你的不一定适合他，不要减少他的选择。

怎样说话才可以增加他的选择呢？我们要先充分倾听，表达理解和接纳，让倾诉者的情绪疏解之后，可以和他一起梳理几种解决方向：（1）如果离婚，那你需要做哪些准备，你有什么顾虑；（2）如果不离婚，那你可以做哪些来改善当下的情况；（3）如果想离婚再考虑，做什么才能保护好自己；（4）还有什么可能性。总之，一定要理解她，尊重她，让她看到更多的选择，最后把选择权全部交到她的手里。

第三，这句话会让效果更好还是更坏？

很多人就像人间 ETC，见人就抬杠。在他们看来，"我是对的，你就必须承认！我有理，我就要说出来！"但是这样做的结果往往就是争了对错，坏了效果，伤了感情，断了关系。

沟通不能只争对错，沟通形式有更好的选择。比如战国时期的名医扁鹊，他第一次当着众臣的面直言不讳地对蔡桓公说"君有疾"，翻译成大白话就是"大王你有病！"大王感觉很没面子，拂袖而去。而扁鹊接下来几次见蔡桓公还是不懂得换换说话方式，还是硬杠"君有疾"，坚持自己是对的，结果造成最后蔡桓公不治身亡、扁鹊流亡他国两败俱伤的局面。这绝对是最典型的沟通失败案例。我们承认扁鹊是对的，可他如果第一次沟通碰壁后就懂得换换沟通形式，还能为大王治病保命。他完全可以换个场合私下提醒大王，或者找大王信任的大臣或者妃子说明情况，让他们转告大王，再或者来个善意的谎言说特意调配了一副养生汤为大王保养身体……只要最终能治病救人，更重要的是也可以免去自己的杀身之祸，那就先暂时放下自己的"真理"又有何不可呢？

对于我们大多数人来说，要想家庭幸福，就要知道沟通一定是**有效果比有道理更重要**。我认识一对模范夫妻，他们俩结婚二十多年恩爱如初。我问他们的恩爱秘籍时，他俩就笑着说了三个字："不较真。"夫妻俩彼此不较真，更不跟长辈较真。妻子甚至曾说，如果一向以倔脾气著称的公爹坚持认为煤球是白的，她也会笑着点头同意。这位先生之前谈过几个女朋友，她们都觉得未来公爹会硬杠"煤球是白的"简直不可理喻。只有后来成为他妻子的这个女朋友在非事关家庭幸福的问题上不较真，还懂得尊重老人，所以他俩就缘定终生了。结婚这么多年他俩遇事都有商有量，就算偶有争执也不会让矛盾过夜，因为他们都认为感情比道理更重要。

除了不较真，善用幽默也会让沟通效果更好。我认识一位老先生是一位特别有智慧的老人，他老伴儿性格要强、脾气急，有一次着急上火地教训老先生："我就说就是你错了！这辈子你啥都比不上我！"老头儿不急不躁，点头称是："对对对，你都对！你啥都比我好，你的老伴儿也比我的老伴儿好。"一句话逗笑了老太太，潜在危机顿时烟消云散。

关于沟通还有一个非常重要的原则：**沟通的效果取决于对方的回应**。我大学毕业就进电视台做了十年主持人，在公众面前能够落落大方、滔滔不绝地说话。我一直认为自己是一个特别会说话的人。直到32岁那年，我为了活出不一样的人生，从电视台辞职到南方某省做国际物流，负责一个地区的业务推广。具体的工作就是和当地企业的大小老板打交道，推广公司业务并促成合作。刚开始我对自己挺自信的：凭咱这国家一级播音员的口才，待人接物、介绍业务那还不颜值和言值双高啊。没想到工作三个月后我到总公司汇报工作时，董事长说接到了客户的投诉："你们派了个什么人来当经理啊？她说的话我们都听不懂。"

第二部分

语言气场：会说话尽显高情商

我惊得下巴都快掉了："我？国家一级播音员，我说话不清楚！？他们整座城市都未必能找出几个像我这种说话水平的人好吧？他们要投诉都不能找个更合适的理由吗？"

董事长说："我们的客户是要听你播音吗？"一句话点醒了我这个盲目自信的人。我这才明白过来：我说的是自己以为最得体、最清楚、最正确的话，却不是对方想听的、愿听的、听得懂的话。我的客户大多都没怎么上过学，他们有自己独特的思维模式和商业智慧，而我在电视台工作久了，习惯用书面语表达，动不动就引经据典、旁征博引的，说得确实很好听，但对他们却没有用。我把沟通当成了一厢情愿的个人秀，心里只有自己，没有对方，怎么会得到客户的认可呢？从那之后，我就开始努力改变自己的说话习惯，每天看本市新闻，到菜市场听当地人讲方言俚语，了解他们的风俗习惯和关注的话题，让自己讲话越来越接地气。这样大概过了半年左右，当地客户圈子才真正接纳了我，工作开展顺利，业绩逐步上升，没事还能和客户喝喝茶聊聊天，甚至有客户还把我当朋友一样邀请去喝满月喜酒。

沟通是双方的互动，我们在沟通之前就要想清楚自己和对方的身份："我是谁？我在对谁说？" 只有用对方听得懂、愿意听、能达成共识的方式去讲话，才能收到我们想要的沟通效果。见什么样的人，就说什么样的话。可能有人会觉得这样说话是虚伪势利、见风使舵的表现，那是因为有人这样说话是为了溜须拍马、谋取私利。如果你是出于对对方的尊重，为了更有效地达成共识，那么见什么人说什么话就是有效的沟通方式。比如，遇见一位不懂中文的外国朋友问路，我们换成他能听得懂的语言是为了更好地提供帮助；老年人不懂现在的网络词汇，我们就要换成他们能理解的方式和他们沟通，这是对他们的尊重。

说话不要冲口而出，不顾后果。张口说话之前一定要先三思，自问三个问题：（1）这句话会让对方增加能量还是减少能量？（2）这句话会让对方增加选择还是减少选择？（3）这句话会让效果更好还是更坏？

有位学员学完沟通的课程后曾在群里留言：这哪里是要学说话的技术啊，分明是让我们培养一颗温暖世界的心。

做作业啦

回忆一下自己曾经的"无效沟通"事件，可以把当时说的话写下来，分析一下。想象如果可以重来，那你会怎样说才能达到有效的沟通。

第 7 课

倾听：做好他人的心灵"树洞"

倾诉可以解压，倾听可以疗愈。我曾经有段时间压力特别大，就和闺密约着一起在海南待了七八天。那几天我们俩也不出去玩，每天 80% 的时间都是待在一起说话聊天。一个人尽情倾诉，另一个人用心倾听，也不寻求什么答案。那几天我们真是身心轻松，觉得之前的焦虑烦恼一扫而空了。

人人都有倾诉欲，都渴望被看见、被接纳、被理解。我们都需要一个能全身心倾听自己的人，希望有一个自己的心灵"树洞"。心理学里有这样的说法："咨询者并不是来寻求答案的，而是来求理解和认同的。"既然一个人制造了这些问题，就一定能自己解决这些问题。之所以还没有解决问题，只是因为他没有看清问题的根源，没有足够的力量去面对和解决。很多时候我们会发现，朋友来找我们倾诉烦恼时，每当我们自以为侠肝义胆地用自己的经验给对方"指点方向"时，往往都会听到对方迟疑地找出很多理由："可是……但是……其实……"作为当事人，他肯定早就设想过很多方法了，之所以没去做一定有自己的顾虑。他来找你倾诉时，更多的是希望你能理解他当下的想法和处境，能在你这里获得心灵的慰藉，以便有能量面对和解决这些问题。因此，有效沟通并不一定需要你口若悬河地说话，专心地倾听就能解决 80% 以上的问题。

演讲家戴尔·卡耐基在一次聚会中遇到了一位著名的植物学家，卡耐基特别尊敬和欣赏这位学者。由于他对植物学了解非常少，所以在他们聊天的过程中几乎都是那位植物学家在侃侃而谈，卡耐基根本插不上话，只是专心倾听，偶尔点头表示肯定。聚会结束时，这位植物学家非常开心地握着卡耐基的手说："我今天晚上真是太开心了！您就是我的知音，您真的是一位沟通天才！"

这件事引发了卡耐基的深思：为什么我没怎么说话，却被他称为"沟通天才"？其实心理学家早就研究过，**人类天生有一种"自重感"，就是内心觉得自己是重要的，需要被关注、被重视、被认可**。试想一下，我们平时和他人沟通，如果对方总是不停地在表达自己的看法，压根儿没有你说话的余地，你会不会觉得有点失落呢？我认识一位女士，她每次参加聚会，不管大家聊起什么话题，她都能引到自己身上，滔滔不绝地介绍自己的各种"先进经验"，并且一定要压过别人一头。我们说孩子学习，她就晒自己女儿的名校录取通知书；我们聊给家人做饭，她就讲自己十几年如一日给家人做花样早餐；我们谈工作，她马上讲自己带团队做领导多么受拥戴。刚开始大家还捧场，夸夸她，时间一长，就有人不愿意去有她参加的聚会了，毕竟不是每个人都喜欢她个人的"先进经验报告会"。

说得多不一定效果好，口才好不代表会沟通。真正的沟通高手善于让对方感受到自己是被尊重的并能体现自身的价值。如果我们能够全身心地倾听，多给对方留出表达空间，那就会让对方觉得自己得到了你的重视和尊重，是被你接纳和认可的，他就会有高山流水遇知音的感觉，就会更加喜欢和信任你，从而与你建立良好的关系。

如何做好全身心倾听

全身心倾听与我们平时说的"听到"不同。"听到"是生理的，"倾听"则是心理的。我们看一下繁体字"聽"，它是由"耳""十""目""一""心""王"组成的。我们可以这样理解：全身心倾听不仅要用耳朵听，还要用"十目"，也就是更多地用眼睛观察，用心去感受对方。能做到这些的人都是高贵的"王"。

全身心倾听要做好"聚焦－反馈－总结"三个环节，它们是不断循环的过程。

聚焦：就是做好倾听的准备。如果对方是你熟悉的朋友或家人，那按照你们习惯的方式倾听就好。如果你们彼此还不太熟悉，就要注意一些细节了。

假如今天你要拜访一位客户，想要自然轻松地建立关系，那你可以坐下来喝杯水，随口聊几句天气之类的轻松话题。你可以用身体语言告诉对方"我准备好洗耳恭听了",具体怎么做呢?

距离:不是太熟悉的朋友,两人之间合适的距离一般在 1～1.5 米左右,距离太近可能会让对方感到不自在,距离太远又会让人觉得疏远。

方向:让你的身体斜向对方,双方的座位或身体呈现 90～120 度左右的夹角是最相宜的。不要小看这个细节,如果关系不太熟悉,面对面坐着会有公事公办或者被审视评判的感觉,不太利于情绪的放松;两个人斜向夹角的坐法,可以避免直面相对,又因为斜向角度在不远处有个相交的点,在无形中可以给对方心理暗示:"看,我们有相同的观点可以碰撞出火花!"

姿态:你的上身可以略微向前倾向对方,并表情放松地看着对方,这种身体语言代表"我很关注你的问题,我希望与你接近"。注意尽量不要抱着手臂或跷二郎腿,这种封闭式的身体语言意味着"不接纳、有保留、有抗拒"。合适的身体语言当然是自然的开放姿势,表情自然平静,眼睛关注而亲切地看着对方给他鼓励,但请注意不能死盯着人家不放。在交谈过程中,你不要有太多零碎的小动作,比如抖腿或者手势太多,更不要有大惊小怪的情绪变化,这会影响对方的倾诉。你的肢体语言表达出的就是平和的陪伴,尊重的关注。

身体语言有很强大的沟通能力,只是被很多人忽略了。对于不善言谈的人,充分运用好自己的身体语言,照样也能成为沟通高手。

我有一位中医朋友，认识他的人对他评价都很高，他平时惜字如金，见人总是笑眯眯的，偶尔点点头或回个"嗯""是啊"。我夸他修为高，结果他爱人偷偷笑着跟我说："其实是因为我老公不太会说话，所以他看见谁就只好冲人家微笑。"但是这种无评判的接纳态度，恰恰会让人感受到一种亲切真诚的气场，让人充满信赖，愿意跟他敞开心扉。

反馈：倾听的过程中你需要回应，要和对方互动，但是不用说太多。

接纳语。配合刚才讲的身体语言，顶多再加上"嗯""是""哦""这样啊"，大部分是简单的语气词。形式上的简单不代表原理简单，这样不明确表达态度的回应体现的是无评判的接纳，表示"我看到了、我听到了、我知道了、我在这里"。这四句话温暖而有力量。

有一年我到某省会城市讲课，现场有 100 多名学员，答疑环节有位女学员站起来提问。她讲述了痛苦，希望我能为她指点迷津。她是一位中学老师，几年前怀了二胎，为此失去了工作，只能由丈夫一个人赚钱养家，夫妻之间经常发生矛盾。后来国家放开了二孩政策，她为孩子做出的牺牲好像一下就变得毫无价值了。家人埋怨她，周围人也暗地里嘲笑她，她委屈得整个人都抑郁了。我静静地望着她，用心倾听她的诉说，偶尔点头"嗯"一声，或者回应她两个字"是的"。她忽然泣不成声，哭得蹲到地上。等情绪平复后，她站起来说："谢谢老师，已经好多年都没有人这样认真听我讲话了……"其实，我们未必能帮对方解决实质性的问题，他们要的就是被接纳、被理解和被尊重。

身体语言。在对方讲话的过程中，倾听者更多地以身体语言给予回应，比如用目光表达关切，轻轻点头表示听到或认可，根据对方的情绪变化做适当的表情以表达同理心。如果对方讲到动情处需要你支持时，根据双方关系的远近，可以递纸巾、水杯，或者轻轻拍拍对方的手、肩，关系亲近的可以给她一个拥抱。

语言回应。回应语也可以很简短，最常用的技巧是复述，就是把对方的话或者其中的一部分以你的方式表达出来，加一些引导词，复述给他。

比如，你的闺密找你诉说她和老公昨天吵架了。你可以复述回应她说："你是说你俩昨天又吵架啦？"或者说："哦，我能感受到你现在确实很伤心。"抑或是："怎么这日子就没法过了呢？"这就**是复述，把对方讲的话用你的表达方式说出来。**

复述真的不是在讲废话。复述是最简单、最省力气，但也是最有效的一种沟通技巧，它会让对方觉得你认真倾听了，并且很在乎他说的话；你复述了其中的关键内容，也是让对方进一步确认他讲的话；这样可以让对方确认一下你的理解是否正确。最重要的是，复述可以让对方的情绪有个缓冲，不要沉浸在情绪里不能自拔，一股脑只管发泄。更重要的是，作为倾听者，不要过早地发表自己的意见，不要过早地下论断、出主意，因为真正的答案其实在对方心里。沟通中多用复述，恰恰体现了一个人的接纳和包容心，也是一个人有分寸、有底线的最好体现。

总结：总结阶段需要说得多一点，不过基本素材对方已经为你提供了，你只需要将刚才对方讲的关键内容做个提炼，依次复述，然后在最后加一句："不知道我理解得对不对？""你看有什么我没记住的吗？"这样也是进一步澄清事实，让对方通过你的视角重新看看这件事，或许就有了新的发现。

曾经有一位女性朋友因为夫妻矛盾跟我哭诉，刚开始她说得声泪俱下，言之凿凿地痛诉丈夫多么冷漠无情。等到我给她复盘时，她听完忽然说："我这样一听，感觉好像他对我还挺好的，我也有问题啊。"当一个人倾诉时，很可能说着说着他也会意识到自己的问题。一个人既然自己能制造问题，自然也可以解决自己的问题。倾听者就是要做好身心陪伴，帮助对方发现问题后再去解决问题。

做作业啦

你可以描述一下朋友找你倾诉时，你是如何做好全身心倾听的，是否遇到过什么困难或者处理不当的尴尬场景。上传气场平台，与其他学员一起交流。

第 8 课

赞美： 悦人悦己，给人能量

我女儿大学毕业后找到的第一份工作需要她经常加班，她感觉压力大，但也认为自己学到了很多东西，所以下决心继续加油努力。但有一天她忽然又跟我说她实在受不了了，打算辞职。我问她为什么这两个月的态度截然不同，是不是工作难度太大了。

她告诉我，其实工作难度并不大，她就是受不了公司主管的批评。好像不管她怎么做都达不到主管的要求，不管怎样努力，主管都能挑出错来。这让她觉得自己很差、很笨，简直都要怀疑人生了。

可我明明记得，之前她告诉我，她的老板很会鼓励员工。结果她又说那是他们的女老板，之前她亲自带新员工，情商高，每天挂在嘴边的话就是："哇，你好厉害！""你是怎么做到的？真是太棒了！"她经常给员工买一些小礼物，鼓劲打气。虽然工作有压力，但每个人都觉得信心满满。但是这位暂时代班的主管却天天皱着眉头挑刺，还说自己说话虽然直，但是对事不对人。新人有一大半都受不了要辞职，搞得老板不得不提前赶回公司收拾烂摊子。

这件事给了我很大启发，总有人认为直接批评指正，能体现出自己做人真诚严谨。但是我们的语言是有能量的，批评指责就像一把刀，容易挫伤被批评者的自信，磨灭他做事的动力。赞美鼓励却像一颗糖，能让人愉悦，给人能量，有助于帮助他人建立自信。我们为何不能多去赞美鼓励他人呢？

真诚的赞美可以改变一个人，这是有科学依据的。当一个人听到别人对自己的赞美，大脑会释放出更多和愉悦相关的神经递质多巴胺，体内的激素水平也会发生变化，使一个人变得眼睛有神、脸上有光、腰板挺直、笑容增多，整个人内心都更有动力……当赞美越来越多时，这个人大脑网络中的自我认知就会开始重塑，人会变得更自信，做事更有底气，行动力也会增强。赞美真的可以点亮一个人的生命。

我曾多次做过这样的赞美实验。在气场课程上，我们会邀请一位觉得自己很自卑的同学站在台上，让台下的几十位同学一个接一个对她进行赞美，一人一句，不许重复。如果被夸的同学觉得不走心还可以摇头拒绝，这样夸人的同学就必须重新想一句。按照这样严苛的条件，重复进行好几轮，最后加起来往往有一百多条不重样的真诚赞美。刚开始听到这个要求时，大家都说不可能："老师，我根本就不会夸人，您还让我们不准重样地夸 100 多条，这怎么可能？"遇到这样的"反对"，我自然是笑嘻嘻地宣告"反对无效"。因为这个练习我带领学员做过不知多少次了，每次学员都会从最初的"不可能"变成最后的"欲罢不能"。没有什么不可能，我们都有发现美好和表达爱的能力。刚开始台下的同学可能很紧张，绞尽脑汁去赞美别人，时不时因为有人说得太夸张而引得全场爆笑，慢慢地找到感觉后就越夸越顺口，越夸越自然了。

我印象最深的是一位女同学，她是一位教育工作者，生二胎后就回归家庭了。虽然衣食无忧，但是琐碎的生活磨灭了她的希望，她感觉自己没了事业，也没了朋友，老公不理解自己、孩子带来很多麻烦，她不仅变得体型臃肿、满脸色斑，内心还总是充满怨气，成天皱着眉头。那天，她也主动站上讲台等待大家的赞美。在台下同学不断赞美的过程中，她就像一朵本已经失去水分的干花，忽然受到阳光雨露的滋润，逐渐变得舒展、滋润、发光、轻盈。现场所有的同学都亲眼见证了她绽放光彩的过程，都直呼太神奇了。重要的是，这种光彩不会是暂时的，她的人生从此也开始发生变化。

半年后，她给我发信息说："老师，我现在已经重新回到工作岗位了，很多朋友看到我都说我好像变了一个人，我现在天天嘴角上扬，走路带风！"我们给别人一句赞美其实很简单，对于被赞美的人来说，这句赞美却能激发了她生命的光芒。那我们为何不多去赞美呢？

有的人会说："为什么赞美的话我就是说不出口呢？"大概有三个原因：不愿、不会、不能。

不愿说。受固有信念的束缚，你不愿张口赞美别人。比如，可能你的父母个性清高，鄙夷那些拍马屁的人，所以你从小就觉得讨好别人是很掉价的行为。你看不上那些曲意奉承、喜欢拍马屁的人。实际上，赞美有时有虚假的成分，但也一定可以是真诚的。你可以先突破自己固有信念的束缚，告诉自己：我可以试一试，我可以真诚、自然地赞美他人。

不会说。很多人从小没有受过赞美的滋养，很多家长对孩子采取的是批评打压式教育，只讲对错，极少夸奖孩子。就算夸奖孩子，他们也都是用泛泛的"还不错""挺好的""加油"之类的词，以至于孩子从小就缺乏夸奖赞美的词汇，不懂得表达细腻精准的感受。如果一个人压根就没有听过这种话，他怎么会说呢？

不能说。有的人自己内在的爱是匮乏的，根本没有多余的爱分给别人。这点我深有体会。我父母对我采用的就是批评式教育，他们从来不会喊我"乖宝贝"，我从未在父母怀里撒过娇。邻居们经常逗我："你这姑娘又黑又胖，像电影里的妇女队长。"家人看我爱哭，也经常说我："你怎么这么窝囊。"所以，我从小就觉得自己又丑又笨，没人喜欢。虽然我内心也很羡慕漂亮的女同学，但还要表现得不在乎，对谁都横眉冷对，摆出一副拒人千里之外的样子。这一切其实都是为了维护我内心的自卑。

当时我有一个好朋友，她是我们的班花，像小说中的女主角一样文静漂亮，好多男生都明里暗里喜欢她。她每一次换个新发型或是换件新连衣裙都会得到大家的夸赞。而我每次都是故意撇着嘴，皱着眉头看着她："哎呀，别臭美了。"我说完扭头就走，其实心里更加失落。当一个人自信不足，内在没有得到足够的爱的时候，很难张开口去赞美别人。

后来，我通过学习成功疗愈了成长中的创伤。现在我特别喜欢夸赞别人，而且都是发自肺腑、真诚自然地夸赞，从而使对方收获了喜悦，而我比对方还喜悦。我想，你们都这么优秀，这么美，这么好，我可以和你们做朋友，那说明了什么？说明我也很优秀，毕竟"物以类聚，人以群分"；和优秀的人在一起，这是我的资源和财富；这更说明我这个人运气好，有这么多优秀的人可以成为我的朋友支持我。这就是"爱出者爱返"的悦人悦己状态。

怎么赞美别人显得自然真诚又高级呢？**赞美是用积极的语言去表达自己的主观感受，我们可以多用结论式的语言来表达对他人的认可与欣赏。**我们经常听到大人这样夸孩子："宝贝，你真棒！真是个乖孩子。"这个孩子具体做什么了先不管，我只给他总结为"你就是很棒""真是一个乖孩子"。还有很多大人夸完会再给孩子一点奖励，或者做出承诺："妈妈周末带你去游乐场。"这是我们经常见到的一些夸人的方式，另外我们还可以学点更高级的表达方式。

第一：真诚。首先一定是客观真实、身心合一的夸赞。如果实在说不出来，那就不用说，给对方一个真诚友善的微笑，一个欣赏鼓励的眼神，或者轻轻点头、竖个大拇指，或者真诚地鼓鼓掌，这些身体语言也都可以表达你的赞许。千万不要为了夸人而夸人，宁愿给人的印象是不善言辞的实诚人，也别让人觉得你是个满嘴跑火车的油腻分子。

赞美要注意度，过犹不及。我有一位男学生，学完赞美之后，下定决心回到家立刻就改。可是，他改得太猛了，他的儿子刚开始练书法，他就开始猛夸："儿子，你的字很有大师风范，必成大器！"他把这个赞美儿子的话发到了我们的学习群，我看了之后哑然失笑。我问他："你儿子接受吗？"他说："我儿子觉得我瞎说！我正想问您到底该怎么夸呢。"他的儿子当然会觉得爸爸的赞美太过夸张了。任何脱离了客观实际的赞美都不能深入人心，也产生不了赞美应有的力量。

第二：细节。要懂得赞美细节，有一位农村老太太，没有读过多少书，也过过苦日子，可是特别会做人、会说话。她儿子给她泡茶，老太太夸儿子的方式非常细腻："你知道妈妈渴了，就赶快给妈妈倒茶，还怕烫着我，一个小碗里面倒一点，喝到嘴里也不烫也不凉。"这就是非常细腻的夸人方式，让对方知道具体做了什么值得妈妈夸奖。比如，夸做主持人的朋友"你太棒了"，就不如换成"我看到你的眼睛里有光，声音里充满了激情，就明白你是真的热爱你的事业啊"。

赞美细节可以落实在行为上，可以观察对方独特的品位和用心。生活中你与其夸一位女士"美女""女神"，不如直接夸她的某个物品，如"您这个胸针真精致，这个蝴蝶造型很少见，您品位好高，不知道能不能转发个链接，我也去买一件？"这种赞美就是一种非常细致又特别的赞美，就是在向对方表明：我能欣赏到你独特的审美，我欣赏你的品位。

第三：转换。有时候，你面对某个人确实觉得没什么可夸的，那你就可以转借他人之口去夸他，或者转换一种形式。有一次，我在一个活动上遇见了一位老大姐，她曾是某地方城市的知名戏曲演员，退休后也喜欢参加各种活动。当时，她穿着一件比较花哨的旗袍，留着蓬松的高发髻，染过的头发略显枯黄，脸上有明显的玻尿酸痕迹。说实话，老大姐的形象并不符合我的审美，但她对自己的形象非常自信，因为她在自己的小群体里是很受认可的。跟我聊天时，她热情地拉着我的手说："您对形象有研究，请一定给我提提建议。"她殷切的神情哪里是等我提意见，分明是等我赞美她。我知道个人的审美是主观的，各花入各眼，人人都有美的权利，所以我就转借他人的话来夸她："我之前的一位朋友跟我提起过您，他是您的老乡，一直是您的忠实粉丝，他一直跟我说，您是他老家的大明星，是他心目中的大美女，我今天有幸见到您，一定要转告他。"老大姐听完这番话心花怒放，满脸放光，我也就顺利"脱身"了。

这确实是我那位朋友说过的话，我转借了他的赞美，当然可以说得真诚。我不让自己违心，还让对方很开心，并且替那位朋友转达了他的赞美之情，一举三得。

转换还可以有其他的形式。有时候，尤其是面对自己的家人或熟人时，我们可能反而不好意思夸，夸起来好像会有一点点别扭。你可以试着用调侃的方式去表达。我最初也不好意思直接夸，后来就转换了方式。如果我老公又做了好吃的，我就会故意夸张地说："哇，大厨，大厨！厉害厉害，棒棒棒！"用调侃的语气说出真心的赞美，对方其实感受得到。我还经常发朋友圈或家人群用文字点赞，这就避开了当面讲的尴尬，还能让对方有种被公开夸奖的感觉。人人都喜欢被认可、被夸奖。智慧的女性一定要学会夸自己的另一半，公开夸，夸着夸着，他就真的成了最好的样子。

第四：意义。夸人夸意义和价值。夸人优秀不如夸人的具体行为，夸行为不如夸行为背后的意义，夸他这个人不如夸他给别人带来的价值。比如，你夸部门新来的小张："这小伙子不错，挺好的，工作也做得很好。"这种虚泛的"挺好"是不是自己听了都觉得力度不够？因此，我们要学会夸意义和价值。比如，小张具体做什么了，工作怎么就做得不错了，他的工作为我们带来了什么好的变化，以及有什么样的意义。

表达感激的赞美可以包含以下内容：

- 你做了什么事使我们的状况得到了改善？
- 我们有哪些需要得到了满足？
- 我们的感受如何？

总之，虚泛赞美不如赞美细节，赞美外在不如赞美内在，赞美行为不如赞美行为带来的影响，赞美别人的好不如赞美别人的好带给我们的感受。

做作业啦

试着赞美一下身边的家人或朋友，可以用上我们所讲的赞美技巧。上传你的作业，还可以看看其他同学都是怎么表达赞美的。

第 9 课

肯定： 客观入心，助人成长

真诚的赞美可以给别人增加力量，而肯定是比赞美更高级的沟通方式。肯定，可以助人成长。有人觉得赞美就是表达肯定，肯定一个人也是对他的赞美，二者有什么区别呢？为什么还有高低之分呢？

著名的教育学家陶行知先生在当校长的时候，有一天在学校里看到两个男学生在打架。其中一个男孩很凶，拿着砖头砸另外一个同学，陶校长立刻制止了，并让那个拿砖头砸人的男孩到校长办公室去等他。

处理完事情回到办公室的时候，陶行知先生发现那个男孩在办公室里站着，脸上带着抗拒又恐惧的神情，虽然内心不安，但又要表现得很倔强。无论是谁可能都会想接下来肯定是劈头盖脸的批评，然后就是请家长，再然后就是一顿胖揍等各种惩罚。

谁知陶先生坐下来，从口袋里掏出了一颗糖给这个男孩，奖励男孩比他先到办公室。男孩看着这颗糖一时有点懵；接着陶先生又掏出一颗糖，奖励男孩听老师的话，尊重老师，及时住手了。男孩看着手里的两颗糖，更懵了，他以为陶先生会狠狠地批评他。

陶先生知道男孩打同学是因为那个同学欺负女生了，于是又掏出第三颗糖奖励他见义勇为。拿着三颗糖，小男孩感动得哭了："校长我错了，同学再不对，我也不应该打人。"

于是陶先生又掏出了第四颗糖，奖励他"知错就改，善莫大焉"。奖励完了之后，他就结束了谈话。

这看似是一个负面事件，却被陶先生的教育扭转了。陶先生用这样肯定的沟通方式，让一个需要批评教育的孩子觉察、感动，乃至成长了，这样的肯定是比赞美更高级的力量。

如果说赞美是糖，令人愉悦，给人能量，那么肯定就是阳光，让人温暖，助人成长。赞美与肯定都会让人产生愉悦的感受，对培养人的自信具有一定的价值，赞美大多是用一些演绎归纳和结论式的语言，把自己的意思传达给他人。比如，"宝贝，你真棒！"或者"这件事你做得真好！"又或者"我觉得这首歌好好听啊！"这样的赞美并没有说清楚这个孩子到底哪里棒，这首歌怎么就好听了，所以是结论式的语言。这样的赞美虽然也可以让人心生愉悦，尤其是对孩子来说，但是如果长时间这样夸孩子，他就会不知道具体怎么做才能得到这种赞美。如果有一天他收不到你的赞美了，就会更容易感到失落。

肯定是指接纳或认同，甚至只是客观描述对方的行为、结果和影响。肯定中也许甚至没有明显赞美的词，可是却会启发对方发现自己忽略的一些事实，发现更完整的自我，从而激发他内在的动力。

我女儿大学毕业后顺利找到了工作，工作第一周结束跟我分享了她的工作体会。她觉得新工作虽然又累又忙，但是一周学到的东西比上次实习半年学到的都多。我特别高兴，但是也并没有说"宝贝，你真棒"之类的话，而是找到她值得肯定的地方后，认真地说："宝贝，你真让我刮目相看，作为职场新人，你这种心态实在难得，这可是典型的老板型思维——把工作和压力都看作自己学到的、赚到的。要知道，有很多职场人多少年还是打工者思维，总觉得工作就是为了那点工资。你只要有这种心态，就会成长得很快，说不定三五年后你自己都可以创业了！"

女儿一听很是惊喜："真的吗？一起进公司的同事都抱怨老板盯得太紧，工作太多，我还在想是不是我太傻了？原来这样是对的啊，那我可要继续加油啦！"

我就是用肯定的方式启发女儿发现自己都忽略的闪光点，让她对自己有深层的认知，点燃内心能量，对自己的未来更有信心，并且更有动力去行动。正因为我采用了有效的方式和女儿沟通，女儿和我无话不谈，一直到现在她在国外大学毕业有了工作，有事情也会第一时间跟我沟通。我会帮她看清根源、解除疑惑、疏解情绪。

她曾经给我贴了个标签叫"软洗脑"妈妈，意思是说妈妈从来没有强制要求过她，但每次都能让她听得心悦诚服，欣然接受。

肯定比赞美高级的一点在于，"启发对方发现自己都忽略的事实"，还有就是，哪怕是负面事件，我们也能像陶行知先生一样，找到其中积极的一面来表达肯定，从而表现出对他人的接纳和尊重。比如，你的闺密给你打电话，抱怨孩子写作业磨磨蹭蹭，她讲半天孩子也听不明白，还顶嘴，于是她忍不住把孩子揍了一顿。听起来，她简直要崩溃了。面对这种情况，你需要尝试给予她肯定。有人心想，这怎么可能呢？总不能去肯定她揍孩子揍得好吧？也不能肯定她情绪崩溃很棒吧？陪孩子写作业这件事确实是所有父母的痛，真是让人无从下嘴。如果你这么想，那要么就变成你们俩人比惨，要么就是你把她的火拱得更高了。我们该怎样对这样的负面事件和情绪进行肯定呢？常用的肯定方式有三种。

第一种，肯定可以接受的部分。拆分她的话，找到可以肯定的部分，我们可以复述对方的话并加上自己的感受给予回应。比如，"你是说你陪孩子写作业写到 10 点多还没写完啊，那确实挺崩溃的……"或者截取另一段："孩子写作业磨蹭，还顶嘴，唉，真是家家的孩子都一样啊……"这样复述对方的话，看似像废话，其实沟通效果很好。当一个人情绪激动的时候，这样复述一是帮她进一步澄清事实，二是帮她去面对事情，三是做一个情绪的缓冲。大部分人在倾诉时都会因为情绪激动而说出过火的话，你这样复述一边表示"我认真听了"，一边用带着同理心的预期缓冲一下她的情绪，她就会觉得被你接纳和理解了，情绪也会平静下来。

第二种，肯定接纳对方的情绪。 当一个人找你来描述一件负面事件的时候，一定要先处理情绪，再处理问题。因为情绪并没有错，只是于行为没有效果。我们要把一个人的情绪和行为剥离开来看，比如孩子写作业磨蹭，妈妈焦虑崩溃，这本身没有错。毕竟妈妈不是神仙，能够面对所有事情都能云淡风轻。可是负面情绪之下，我们可能做出错误的选择，比如打孩子，这样做往往没有好的效果。只有冷静下来，我们才能想出更好的办法真正帮到孩子。

面对崩溃、生气的闺密，你可以用同理心表示肯定："是啊，我能理解你，要是我遇见这种情况也会感觉很崩溃！"或者你可以说："我能感到你真的很生气。"这样只是同理到她的情绪，并没有认同，但是她也会觉得自己被你理解了。

之后，你还可以启发她发现她自己没有表达出来的深层情绪。如果一个妈妈在气头上打了孩子，那么事后她往往都会后悔自责。你可以尝试跟她讲："我觉得你跟我说起打孩子这事，还是有点后悔的，是不是？做妈妈的谁不心疼孩子啊？"我相信你说完这些，那边差不多就会哭出来了，因为情绪一旦被看到、被理解，那份能量就开始流动了，这就叫作肯定、接纳她的情绪。

第三种，肯定对方的动机。 我们要知道，所有不能接受的行为背后，都有可以接受的情绪和动机。孩子写作业磨蹭，妈妈生气揍了孩子，妈妈行为背后的动机是什么？肯定是为了让孩子能养成良好的学习习惯，能有好的未来。如果你能肯定她的这些动机，那她一定会觉得被深深地理解了。

如果你实在找不到可以肯定的地方，还有一种**肯定的万能公式：承认总有自己未曾想到过的可能性**。比如，你可以说："我虽然不知道今天晚上到底发生了什么，但是我想你这样做一定有你的道理。"虽然有你未曾想到过的一些可能性，但是你依然接纳了她的做法。

如果你是那位情绪崩溃的妈妈，听到这些话是什么感觉？是不是感觉到了温暖、感动、平静，更有力量去面对问题了？这就是肯定的力量。

我们在给予对方肯定的时候，一定是真诚的，要配合适当的表情和眼神，让对方感受到鼓励或者理解。如果关系比较近，你也可以使用一些肢体语言，比如拍拍她的肩，给她个肩膀让她依靠，或者给她个温暖的拥抱。

我们在气场课程上经常做这样的练习，曾有一位来自广西的女学员提出了自己的苦恼，我请同学们轮流给予了她肯定。她的问题是："身边的朋友说我天天不出去挣钱，还花那么多钱跑到北京上课，一点用都没有。看看原来一起学舞蹈的某某，人家开舞蹈班已经发财了，都开上大奔了。他们都说我在瞎折腾，我好郁闷。"

A 同学说："你很看重朋友对你的看法，希望他们能理解你，对吗？"

B 同学说："朋友说你不挣钱还在花钱上课，可是你希望成为更好的自己，是吗？"

C同学说："要是我的朋友这样说我，我也会难过的，我很理解你的心情……"

以上都是肯定情绪或动机的方式，大家都做得不错。

来自山东的D同学慢慢地说："原来你会舞蹈啊？朋友这么说你，一定是觉得你有开舞蹈班发财的能力，这真让我们对你刮目相看！虽然你的朋友不理解你为何这么做，但是我相信你对自己的人生是有规划的，燕雀安知鸿鹄之志？"

这段话说出来，广西同学的眼睛一下子亮了，挺起了腰板，自信地大声说："是啊！"这段话一下改变了她对自己的认知，让她看到"原来我是这样的人"——擅长舞蹈，有发财的能力，对自己的人生有更高的规划！现场的同学也忍不住为这段话鼓掌喝彩，都被这个精彩的启发给暖到了。

我们不要虚头巴脑的浮夸，只有接纳和尊重才可以启发对方发现自己都忽略的真实优势，让对方发现原来我这么好，原来我还可以更好……肯定他人就是给人阳光，给人力量，帮助对方成长。一个人如果总能发自内心地给予他人肯定，那这个人一定是一个非常有包容心的人，对他人永远都是接纳和尊重，也能够显示出他内心充足的爱。

> **做作业啦**

如果你是一名销售人员,客户说:"你们这些销售啊,总把产品说得天花乱坠,能有那么神吗?真是买了之后有什么问题就找不到人了!"面对这样的客户,我们该如何化解尴尬,甚至将他变成忠实客户呢?试着运用上面所学,练一练,也可以到气场平台与大家一起交流。

第 10 课

情商： 会说话，善于软处理

我们每天都要跟人沟通，但实际上很多时候我们只是在自说自话，在单方面传达自己的信息，并且还认为对方应该认同并采取行动。如果对方的反应不是我们想要的，我们就会感到不快。于是，往往一场"伪沟通"就变成了"真吵架"。

有一次，我和一位多年不见的女性朋友欣欣偶遇，就在路边咖啡厅里聊了起来。不一会儿，她忽然想起下午要陪女儿去医院拿药，可又想和我多聊一会儿，再赶回去已经来不及了。她马上给她老公打电话，对方刚接通，她就下命令："你赶紧回家去，到卧室里床头柜里拿着病历本……"她老公一听就不耐烦了，生硬地打断她："到底要干啥？"欣欣一听也来气，语气更生硬："我能让你干啥呀？说话这么难听！你去陪孩子到医院拿药去！"她老公直接在电话那头说："我没空，我约人吃饭了！"当着我的面，欣欣脸上挂不住，声音立刻高了八度，指责她老公什么都不管，指望不上，话没说完，她老公就已经挂电话了。

欣欣气得眼圈发红,我赶紧安抚她,决定和她一起去接她女儿。陪欣欣回家的路上,她哽咽着跟我说他们夫妻俩天天抬杠,搞得她身体也不好。虽然医生告诉她一定要保持心情舒畅,但俩人天天吵架,怎么能有好心情呢?我理解地点点头,建议她换一种沟通方式。

她有些困惑地说:"可我说得没错啊。"

我笑笑说:"你说得是没错,只是没有好效果。"

高情商就是会说话,会说话就是善于对生硬的内容做软处理,轻轻松松让对方欣然接受。那么,如何对语言做软处理呢?

第一,把命令语气变成商量或请求语气

每个人都渴望被尊重,伴侣之间也一样,千万不要说老夫老妻了还客气什么。也许你说的话没问题,但是盛气凌人的语气和态度会让对方产生抵触情绪。因此,首先要把生硬的命令句变成祈使句。先做个深呼吸,放慢语速,嘴角上扬,将语气变柔和,再把每句话后面加上语气词"吧""呀""哦",自然带一点拖腔,原来命令的语气就变成商量的口吻了。比如,欣欣可以开始这样问老公:"你能不能现在回趟家呀?"

我们也可以加祈使句的后缀"行吗""好不好""你说呢""对吧"。

比如，"跟你商量件事，你现在回家带女儿去医院拿个药好不好？我这会儿真的走不开……"想要说的内容其实一样，但是换了一个语气，是不是听起来就舒服多了？这会让对方觉得你是在跟他商量，你在请他帮忙，你是尊重他的，他是有选择的。当然，这句话如果要再加工得甜蜜些，一定要把生硬的称呼"哎"换成"亲爱的""老公"等。如果你实在不好意思叫得这么亲昵，用有些调侃的昵称也可以，比如，"掌柜的""老大""哥"等。亲昵的称呼代表他在你心目中的位置，也在时刻提醒你你们之间的感情。不要时刻把别人当下属，随意使唤，缺少尊重。尊重对方就是尊重自己。

第二，强调对方看重的价值

推动一个人采取行动的是价值，要么是想要的正面价值，要么是不想要的负面价值。比如，现在很多互联网公司想让员工自愿加班，一方面会提供员工想要的正面价值：奖金、免费晚餐，超过晚上 10 点可以报销路费；一方面又会有员工不想要的 KPI 压力、淘汰机制。双管齐下，总能有推动员工行动的价值。

家庭关系中很多夫妻习惯用"负面价值"推动对方，比如，动不动就说"不过了，离婚"。"狼来了"喊得太多就无效了，还很伤感情。因此，我们要尽量多用正面价值去"哄"。

欣欣想让她老公愿意接受任务，沟通时就要多强调老公看重的价值。比如，"你陪女儿去医院拿药吧，正好你可以多和女儿说说话，她住校一周才回来这一次，昨天还跟我说可想爸爸了……"这样说话先强调对方看重的价值，如同塞给他一颗糖让他在欣欣然中接受，不比叉着腰命令更有效更轻松吗？

第三，给他选择自由

在你的范围内给对方两个选择，让他觉得你给了他选择自由。比如，欣欣可以跟老公说："你看你是回家接上女儿一起去医院拿药呢？还是我给女儿叫辆车，你俩在医院门口会合后去拿药？"这等于给对方画了个圈，让他在圈里做选择，选哪个都是欣欣想要的结果，又显得很尊重他。

我有位闺密开了一家女士内衣店。这个品牌有点小贵，一些精打细算的女士过去挑来选去，可能最后就只是买了一个文胸。如果你是销售人员，肯定也想多销售一些产品。如果这时你对客户说："您看是不是再加一条配套的底裤？"对方有 50% 的可能会说："嗯，算了算了，不要了。"我这位闺密会跳过"要不要"的环节，直接给对方两个选择："您看您搭一条底裤还是两条底裤呢？一般客户都会选择两条。"大部分客户听到她这样说，至少也会配一条底裤，这样销量自然就上去了。

第四种，示弱求助，非你不可

"千穿万穿，马屁不穿"，跟自己的家人不用那么黑白分明，可以来点爱的小套路——示弱求助，非你不可。

其实，这个方法是我们气场班的一位学员文文给我的启发。她是一位非常智慧的妻子，既帮助老公忙自家的生意，还要照顾家里的三个孩子。每天早晨，她要和保姆一起忙三个孩子的吃喝拉撒，并送几个孩子分别去学校和幼儿园。她总觉得老公白天忙生意、晚上忙应酬，就不要给他添乱了，自己和保姆就能照顾好孩子。可早晨那段时间要照顾好三个孩子，真是把她累得疲惫不堪，而老公长期置身事外，还觉得理所当然。

有一天，她忽然想明白了：自己干吗这么逞强？同时照顾三个孩子确实太难了，而且还让孩子失去了和爸爸互动的机会。她就跟老公说："今天早晨我开车送大宝、二宝时又把车给蹭了，结果俩孩子都迟到了，女儿脸皮薄在教室外哭了半天。他俩平时都嫌妈妈开车慢，不像爸爸开车又快又稳，都跟我闹着说一定要爸爸开车送他们！"

她老公一听就有点飘："你说你把车蹭多少回了？还害得俩孩子迟到？"

文文顺势说："是啊，修车的钱都够带孩子去几趟游乐园了。我开车确实比你差远了，女儿还说老师都夸他爸爸帅，她喜欢你去

第二部分
语言气场：会说话尽显高情商

送她。"

她老公霎时自信爆棚，第二天就起个大早送俩孩子去上学，回家后还给她炫耀。她赶紧又是一顿夸。从此之后，她家里分工有序，老公也和孩子们有了更多的互动，也终于理解了妻子的不易。

女性一定要学会适当示弱、合理求助，千万不要把自己搞得像一个无所不能的钢铁女侠，那就变成能者多劳，却未必落好。如果我的闺密欣欣也能这样跟她的老公交流，估计两个人也就不会天天拌嘴了。

女性有时候也可以向孩子示弱求助。比如，妈妈带孩子过马路，孩子总想挣脱妈妈的手乱跑，如果妈妈说："宝贝，这马路上好多车，好危险，妈妈有点怕啊，你是小男子汉，你能拉住妈妈的手，保护妈妈吗？"这样往往可以顺利解决问题。适当示弱可以激发对方的力量，让对方有被需要的价值。

对于家人以外的朋友，这个方法也依然好用。我们在北京开线下课时来了一位男士，他军人出身，个子高高大大的，请他帮助做一些体力活是再好不过了。如果我直接给他派活，他也会去做，但就像接受命令一样会不舒服。我就对他说："哇，你个子好高，平时就看你朋友圈发跑步健身的信息，太好了，你可是班里面唯一的男子汉！这个展架两米高，我们这群女人真收不了，我们可要拜托你了。"他听到我这样说，干着活也会觉得开心，因为他感受到了自己的价值，感到自己被认可了，会产生巨大的力量。

会说话的人情商高，会说话的人善于软处理。说的是真话，表达的是真情，让对方做的事也都是他力所能及并对双方都有益的事，让对方从最初的抗拒变成欣然接受，我们何乐而不为呢？

做作业啦

有位丈夫想让妻子中秋节跟他一起回他老家，可妻子早就想一家三口去海边旅游了。怎样用高情商的方法劝说妻子改变主意呢？试一试，到气场平台跟大家一起交流。

第 11 课

同理心：不再好心说错话

同理心这个词近两年特别流行，可是你要真的问什么是同理心，其实大多数人说不明白。我们可以先用一个案例来感受一下。

几年前我参加了一个心理学的课程。这个课程的学习纪律非常严，每人每天要先交 100 元押金，只要本小组有一个人有迟到早退等违规行为，全小组的人都要连带受罚。这样就给我们增加了很多压力，一旦自己迟到，就会连累其他同学，那多不好意思啊，所以大家都很认真守则。只是有一天，我虽然出发很早，但是路上遇到了交通事故，导致我无法及时赶到课堂。当时我又焦急又担心，就往小组群里发了一条信息："亲们，实在是对不住，我现在就堵在酒店门口，估计要迟到了，真是对不住大家……"

我发了这条信息之后，小组群里的同学们都开始回信息。虽然同学们的话都是出于好心，但是我看完后，竟然更糟心了。

A 同学："堵车？怎么会呢？今天周末不该堵呀，我过来时就没堵！"这是"全世界只有我一种标准"的霸总型。他过来时没堵就代表这时也不该堵啊？难道我编瞎话找理由？

B 同学："你别开车呀，你坐地铁呀，坐地铁就不会堵车了！"这是"事后诸葛亮"的指导型，不了解实际情况，瞎指挥。他不知道地铁口离上课的酒店有多远，不知道早高峰地铁会挤不上去。

C 同学："你就应该早点起来，早点出门不就不堵车了嘛。"这是"随便贴标签"型，我今天起得格外早，结果起个大早赶个晚集。她这么说还让大家以为我是因为睡懒觉迟到的呢。

D 同学："没事的，亲，我们相信你一定会渡过难关的，加油！"这是灌鸡汤型，不管是什么事就给人打鸡血，听起来正能量满满，但是一点用都没有。

看到以上这样的说话方式，你有没有发现自己也躺枪了？我们平时都会有意无意地用自以为正确的方式讲话，却发觉很多时候好心不一定说出好话，好话也不一定有好的效果，因为这些话缺乏同理心。那么同理心回应是什么样的呢？在我看小组群信息看得更焦躁的时候，我们高情商的助教老师陆续发来了几条信息。

第一条信息："哦？堵车了呀？"这是同理心沟通技巧"说出事实"。这句话看似只是复述了客观事实，没表达任何意见，只是在确认信息，但是在人焦灼不安时这样回应却是最好的接纳和联结。

第二条信息:"你一定很着急吧?北京的早高峰就是这样让人无奈。"这是同理心沟通技巧"同理感受"。把客观事实加上感受"着急""无奈"反馈给我,让我一下子觉得被理解了。

第三条信息:"你一直是个做事认真的人,平时从不违规的。"瞬间我鼻子都酸了,这也太让人感动了吧?这个技巧叫作"同理身份",就是说出我是什么样的人,一下就会让人觉得千古知音最难觅。

第四条信息:"我知道你担心迟到,其实更多的是怕连累大家一起受罚……"这是同理心沟通技巧"同理价值",可以指出对方内心真正看重的事是什么。我可不就是怕连累大家才着急的吗?助教老师真是我的知音啊。

第五条信息:"已经上课了,你就别着急了,安全第一。我在教室给你留门,咱们组的同学都等着你……"这个技巧叫作"我在这里",就是自然真诚地表达陪伴和关注。看完她的这条信息,我松了一口气,刚才的焦灼情绪瞬间平复,取而代之的是暖暖的感动。

她虽是简简单单几句话,却以平和尊重的态度,把**同理心沟通的五个技巧全部应用上了,分别是:说出事实、同理感受、同理价值、同理身份、我在这里。**

同理心是情商理论的专有名词,它指以正确的方式了解他人的感受和情绪,进而实现相互的理解、关怀和情感上的融洽,也叫作

共情。如果你可以敏锐地捕捉到他人当下的情绪感受，知道他们内心真正的需要，就能说到他的心坎里。在气场课程中，我们把这个叫作气场的同频。在教学中，我和学员的情绪感受往往是同步的。同理心就是心与心的联结，就像两个人连上蓝牙一样可以互传信息和感受。

我最初可没有这样的"超能力"，我以前是个非常缺乏同理心的人。年轻时在电视台做主持人，我总是心高气傲，很少去关注别人的感受，认为只要把工作做好就行了。我平时说话做事都直来直去，除了工作能力出色，人际关系相当糟糕。

记得有次我和两位同事一起去见一位客户，我们三位女主持人个个衣饰光鲜、妆容精致，而那位客户刚从农村老家回来，穿着夹克衫，来不及回家换衣服就赶到了咖啡厅。他觉得有些尴尬，但也不好意思表现出来。偏偏我还不经大脑，脱口而出："哎呀，您今天的形象好朴实、好接地气啊！"他当时就涨红了脸，可我还是浑然不觉，并且为了显得轻松一点，还时不时就拿他的形象调侃一句。旁边的同事觉得不好，一个劲地给我使眼色，我都不明白，最后对方铁青着脸找个理由就离开了，业务也彻底黄了。现在回想当时的自己，真是个愣头青，难怪当年职场中总是处处碰壁。

同理心关注的并不是沟通的话术，重要的是情绪的联结，甚至可以说，**同理心回应未必真的可以解决事情，只是因为相互联结而让事态好转了**。比如，我上课迟到的事，其实无论怎样回应都没办法解决我迟到的问题，可是同理心回应会让我内心释然、感到温暖，也能拉近我跟助教老师的关系。

要想具备同理心，必须先区分两个容易混淆的概念：同理心和同情心。

同情心和同理心只有一字之差，却有天壤之别。同情心是对他人的不幸遭遇产生共鸣，对其表现出关心、赞成和支持等情感。具有同情心会促使我们做一些助人为乐、伸张正义的好事。但是，同情心往往表现为强者对弱者从上至下的情感，对方可能并不愿意接受。

有一次我在小区花园看见一位60岁左右的男士，正扶着栏杆缓慢地往前走，旁边放着轮椅。看样子，他应该是患过脑中风之类的疾病，正处于恢复期。当时边上来了两位大妈，她们显然认识这位男子。俩人一边感叹着男子可怜，一边不由分说地非要把他按到轮椅上送回去。男子明显很抗拒，生气地说道："都别……管我！"结果一位大姐嘟囔道："什么人啊！好心当成驴肝肺，活该他那样！"我远远地看着那位轮椅上的大哥，他正低着头在那里生闷气，我看看他没什么问题，就安静地离开了。这个时候给他安静的空间就是对他的尊重。

大妈们觉得自己是好心，可却被大哥愤怒地拒绝了，她们无法理解这种不领情。很多时候，人们的同情心是以自己的感觉来推测对方的感受和需要的，同时还把自己的位置拔高，认为对方处于弱势，表现出由上至下的怜悯。人与人都是平等的，我们需要相互尊重。如果你只是一味地向对方表达同情，哪怕是事实，对方心里也不一定舒服。甚至有人还会觉得："你算老几呀！你凭什么同情我呀！"

同理心是感同身受，以平等的身份去体验对方的感受。比如，当我们听到别人有不幸遭遇的时候，如果说"哎呀，真可怜，我真的替你难过"，这是表达同情。具有同理心的人会这样说："是的，我明白这种感觉。"

如果小孩子因为不小心摔跤了大哭，很多妈妈遇到这种情况，一般会做出如下的回应。

"宝贝不哭不哭，好可怜啊，妈妈好心疼。"这种回应是及时安慰，表达关心，但可能会让孩子觉得自己可怜，哭得更大声；"不哭不哭，男儿有泪不轻弹！"这种回应忽略了孩子的感受，靠讲大道理来压制情绪，以后孩子就可能变得不太会表达自己的情绪感受；"都怪这个路，弄痛了我的宝贝，妈妈去打它！"这种回应看似在给孩子出气，但会让孩子以后觉得什么事都怪别人，会找理由推卸责任。

高情商的妈妈会怎么回应呢？有一位高情商的妈妈给出了一个堪称范本的做法。她首先安抚孩子（我在这里），然后可以说："我看是什么东西绊倒了我的宝贝！（说出事实）；这个地方真的太容易摔倒了，谁走到这都难免会摔跤的（同理身份）；我知道你特别疼，要是我一定也会疼哭的（同理情绪）"这种方式的回应就像给两个人的心连上了蓝牙，两个人的感受和情绪一下子就互通了。

同理心表达如此暖心智慧，我们都渴望拥有这种能力。但是在不同的场景中，同理心沟通的一些细节有所不同。要表现出同理心，我们需要避开很多坑。

第一个坑——啧。这个语气词会让人感觉不耐烦或不屑，表现出来的内在语是："哎呀，你这人真磨叽，这事儿还值得吗？"对方已经非常焦虑了，你却觉得这事根本不值一提，显然非常不妥。

我们可以换一个语气词"嗯"，并且要用眼睛看着对方认真地说，这就会让对方感觉到：你听到了，你看到了，你知道了。这个语气词没有评判好坏对错、没有明确倾向，就是全然的接纳，让对方明白你在认真倾听。

第二个坑——我理解你。这句话不是完全不能用，如果对方遇见的事不是特别大，你说"嗯，我很理解你"，还是有一定效果的；可如果对方遇到的是感觉天都塌下来的事，你再说"嗯，我很理解你"，估计对方心里已经默默地说："你能理解什么呀！"根本没有绝对的感同身受，我们只是尽力去尝试体验对方的感受，但无论如何也不可能真的感同身受。

因此，你不如换成一句："我确实没有经历过这样的事，也不知道该说些什么做些什么才可以帮到你。"或者当你不知道该表达什么的时候，就给他一个有力的拥抱吧。

第三个坑——我早就说你了，你就是不听。可能对方已经非常痛苦了，内心已经很悔恨内疚了，我们就不用再"补刀"了。这句话说了没用，反而像是在告诉对方："你不仅倒霉，你还蠢！"所以，我们可以把这句话换成："发生了这样的事真的很遗憾，但我相信你已经尽了最大的努力。"

第四个坑——这都不算事！没事没事……也许你这么说是为了让对方想开点，别有那么大压力，但是这种轻描淡写的语气会让对方觉得是他太脆弱了。这种话往往会让人觉得站着说话不腰疼。对于当事人来说，她遇到的就是天大的事儿。所以，你不如这么说："我知道这事对于你来说很重要，如果是我遇到这样的事，可能我还不如你。"对方听到这样的话，内心可能还会舒服一些。

第五个坑——哭什么哭？别哭了，要勇敢！这种简单粗暴压抑情绪的方法是最不可取的。说这种话的人看似很理智，其实忽略了人是有感情的。很多人觉得哭是不够成熟、不够坚强的表现，其实哭是情绪能量的流动，是一种解压方式。

如果你真的不知道该怎么安慰对方，那就静静地陪伴就好；如果是关系亲近的人，就给他一个肩膀或拥抱，让她好好地哭一会儿。你可以说："想哭就哭一会儿吧，不用憋在心里，我就在这里。"

第六个坑——我比你还惨。有不少人说自己心软，见不得别人哭，看不得别人惨，一旦有朋友来找自己诉苦，往往会哭成一团，相互比惨。本来朋友希望得到些安慰和力量，结果却感觉世界一片黑暗。或许你会觉得："只要我说得比你还惨，或许就会让你心里平衡一点。"可同理心沟通是为了让对方感觉更好一些，而不是更惨一些。所以，不如换成这样的话："我也有过类似的经历，所以你的感受我深有体会。"

第七个坑——你至少还有……以前看到有人安慰遇到重大变故的人会说："你至少还有……"这种话不是不可以说，而是要看什么时候说。这是在启发对方发现还有希望，还有价值，所以一定要等对方负面情绪得到疏导了，可以进行理性思考的时候再说。在对方正伤心失落的时候，不如去读取她的情绪，让她感觉自己被理解了。我们可以这样说："我能感受到你现在的焦虑和挫败感，是啊，要是我的话，估计也是这样……"

做作业啦

假如你的同事黑着脸跟你说："我辛辛苦苦跟踪了大半年的客户，今天和其他公司签约了，我真是崩溃啊！"你会怎样用同理心沟通的方式回应他呢？

第 12 课

说服力：四两拨千斤的隐喻沟通

　　有位女士工作能力出众，总公司要提拔她做分公司的负责人，并建议她尽快提升公众讲话的能力和领导人的气场。现在她开会时发言都会面红耳赤、紧张得不知所措，又如何领导分公司上百名员工呢？于是她来找我上气场课。一下子要学这么多表达技巧、做这么多提升气场的行为训练，她根本找不到感觉。有一天，她中途忽然崩溃，直接就想放弃了。我就对她说了一句话："欲戴王冠，必承其重。"正收拾东西打算离开的她忽然停下，深深地点了下头，又继续练习了。现在，她已经是能在公众面前侃侃而谈并备受赞誉的女领导啦！

　　当时我并没有针对问题给她讲太多大道理，而是用看似无关却蕴含深层关联的话轻松说服了她，这叫作隐喻。

　　隐喻沟通指沟通者通过讲故事、打比方的方式，在内容中隐含了事关对方的信息，让接受者在较有选择的情景中接收信息，可以

避免下意识的抗拒，是一种有效的沟通模式。在古希腊语中，隐喻这个词代表的就是转换。沟通中用隐喻，就是巧妙地拐个弯，不跟对方直接对抗，而是将他带入一个故事或情景中让他自己领悟，所以善用隐喻的人更有接纳包容之心。

有一位高级知识分子 L 女士来找我咨询，向我诉说了她的苦恼，说她在实际生活中非常需要用钱，可却一直不好意思跟人开口谈钱。她明明可以用自己的专业去挣钱，但是又觉得如果和钱沾了边就显得很庸俗。

L 女士显然有着很深的限制性信念，个性清高又很爱面子，如果直接给她讲道理，会让她不舒服，而且她的道理永远比你的多。所以，我打算避开她的意识抗拒，先绕个弯给她讲一个故事，把她带进故事的情景中去。

我问她："您气质真好，以前应该有不少男士追求吧？"

她对这个问题有点意外："也没有啦，年轻时曾有男士对我表示过好感而已。"

我说："假如当时您身边有这样一位男士，你们两个相互爱慕也相互需要。可是你觉得他不够好，配不上你，所以你从来不对外承认这是你的朋友，不承认你喜欢他、需要他，那这位男士会不会一直坚定不移地守护你？"

她想了想说："估计不会。我不尊重人家，人家肯定会离开的。"

我冲她意味深长地一笑："是的，这个朋友就是钱。"她当时就愣住了。钱其实就是一种能量，它是高雅的还是庸俗的，都是每个人自己内心的折射。人和钱的关系就像朋友之间的关系一样，只有看到它的存在，尊重它的价值，喜欢它，欣赏它，大大方方地追求它，光明磊落地喜欢它，它才愿意和你在一起并给你支持。如果你总是不好意思承认你需要钱这个朋友，总觉得追求这个朋友很庸俗，那么就算你内心再想它，它也不会接近你。

她被我的话说服了，决定改变自己的行为。**我们永远无法用道理来说服道理，但我们可以找到一个底层逻辑相通的故事，先把对方带入那个情景中，让他接受故事里边的信息，领会其中的道理，然后我们再将两件事联系起来，相当于他自己把自己说通了。**所以，用隐喻去说服对方真的是一种非常高级的沟通方式。

我平时讲课或做咨询都常用隐喻的方式，既能轻松说服，又显得幽默有趣，还能更好地启发学员进行深层思考。比如，学员A说："气场课内容这么多，我只想增加自信，我就学那一课就行了吧？"我回答她说："你不是吃第七个烧饼才撑着的。"

她听完后哈哈大笑，乖乖地去学习了。毕竟，谁的成长都不是一蹴而就的，肯定要有一个循序渐进的过程。

学员 B 沮丧地跟我说："最近压力好大，想成长真的好难……"我回答说："走上坡路都是吃力的。"她听后备受鼓舞，现在辛苦说明她一直在往上走。

学员 C 是一位很理性的男士，向我吐槽道："本来我打算去听一位讲婚姻情感的老师的课，听说她很厉害。谁知道一打听，她都离了两次婚了，这样怎么能给大家讲婚姻课呢？"我问他："你允许医生生病吗？"他一愣，转而笑着向我拱手作揖："哈哈哈，说得好！是我狭隘了！"

老师也是人，婚姻失败与否不是她一个人能决定的。或许正因为她有过失败的婚姻，才促使她走上这条路，才对婚姻的课题有了更深的研究。好不好先去听听看，不要着急下论断。我用这种沟通方式委婉地提醒他保持对人对事的接纳和包容。

很多隐喻其实都是点到为止，不会再做过多的解释。如果对方真的领会不透，那也就一笑而过，接纳和包容他；如果有人因此而觉察警醒，那就相视一笑，以示心意相通。

隐喻要求我们触类旁通，对所学所悟做到融会贯通。善用隐喻沟通的人更受欢迎，因为他们总能用几句简单的话就直达事物的本质，精准透彻，而不是一味地讲大道理。用隐喻的方式去说服对方，能轻松收获对方的好感和尊重。我们怎样才能通过学习来提升隐喻能力呢？**提升隐喻能力要分三步：装进来，连起来，说出来。**

装进来：带着学习目的积累隐喻素材。隐喻要用得精妙，首先你的大脑仓库里要有大量相关的素材。哪里有这么多隐喻素材呢？所有流传至今的寓言、成语、民间故事都是隐喻素材，因为它们都是通过看似普通的小事来蕴含深层的哲理。如果没有哲理，这些故事就不会流传至今。比如，可以用"塞翁失马，焉知非福"来宽慰遭遇失败的朋友；可以用"父子抬驴"的故事来提醒他人，我们不可能让所有人都满意，如果追求这一点，很容易沦为笑话。

只要用心，你就会发现隐喻无处不在。这些基本素材不需要死记硬背。多读书，多理解，把这些浅显故事背后的深层哲理捋清楚，才能更好地灵活运用。

连起来：根据底层规律找关联。当我们积累了足够的素材并了解了蕴含的哲理后，就要开始做融会贯通的事了。我们可以思考自己身边有没有发生过类似的事情；对于生活中经历的事情，可以好好想想能给自己什么启发，可以和以往学过的什么道理联系起来，甚至可以找到其他底层规律一致的故事。做这样的关联练习时，可以多用这几个引导语："这就像……""比如说……""举个例子……""这件事说明了哪个道理？"多做这样的练习，你的大脑就会变得"四通八达"。

有一次，有朋友和我探讨"本自具足，莫向外求"，她说："难度在于我怎么知道并相信自己是'本自具足'的啊？"

我对朋友说："我这一米七的大个，如果抱个游泳圈在泳池浅水区划拉，是不是挺滑稽的？你现在的状态就像抱着救生圈站在泳池里的我，明明眼前就是本自具足的丰盛状态，可就是紧紧地抓住自己的执念，不敢相信、不敢面对、不愿尝试。"

她听完轻松地笑了："我就喜欢听你说话，什么烦恼到你这里一讲就想通了！"

说出来：多说、多写、多练习。知道并不代表做到，要想把学到的知识真正转化成自己的能力，必须多说、多写、多练，同时不要怕说错、说不好会丢人。因为你不可能看个游泳教学视频就学会游泳，总要真的下水甚至呛水后才能真的学会游泳；你也不可能听完教练讲解就学会开车，总是要亲自驾驶才能真的学会开车。

做作业啦

可以找一些使用隐喻的诗词和小故事，说明它们隐喻的哲理是什么，你打算拿来给什么样的人去做思想工作。到气场平台，与其他学员一起交流。

第 13 课

还原事实：千万不要无理取闹

偶然看到一部电视剧里的男女主角正在吵架，男主角说："你真是残酷、无情，你真是无理取闹。"女主角说："我哪里残酷？哪里无情？哪里无理取闹？"男主角又说："你哪里不残酷？哪里不无情？哪里不无理取闹？"这简直就是一场车轮大战，就是吵到宇宙尽头，谁也说服不了谁，只会让双方的负面情绪不断升级。生活中很多女性经常遇到这种情景，被伴侣或家人说是无理取闹、没事找事，可女人也很委屈，觉得自己说的就是事实。

比如，妻子也许会抱怨丈夫说："你天天不着家，从来没管过孩子，也从来不把我放在心上，你对这个家根本不负责任！"事实上，这段话里有太多主观的评判和以偏概全的描述。丈夫并没有"天天不着家"，周末也会带孩子去踢球，会送妻子生日礼物。因此，丈夫听了肯定不服，俩人难免你来我往，唇枪舌剑一番。

这种情景是不是感觉很熟悉？有时候，我们以为自己是在说事实讲道理，却未曾觉察那些"事实"带有强烈的主观色彩。我们经常带着负面情绪一股脑地给对方扣上各种大帽子，于是不断地争吵，逐渐把彼此间的情感消磨殆尽。

我们说话要尽量还原事实，避免不必要的沟通冲突。从本质上来说，人和人之间的沟通冲突是信念的冲突。这个世界上没有两片相同的树叶，更没有两个人的信念是完全一样的。我们都活在由自己的感官塑造出来的主观世界里。因为我们每个人的信念和经验不同，所以对于同样的事物，我们的看法也会大相径庭。家庭系统排列大师海灵格曾说："**你如果有了评判，那就看不到事实。**"

我们本能地会用自己的信念去评判人和事，然后贴上带有主观色彩的标签。评判有正面的也有负面的，正面评判也未必客观。比如，我有位女性朋友就是"炫夫狂魔"，她就是真心觉得自己的老公特别帅、特别优秀，跟闺密聊天总是三句话不离夸自己的老公。其他闺密也许觉得她老公还不错，但也没到天下第一的程度。不过，因为正面的主观评判起到了愉悦的效果，所以大家根本不会去较真了。

我们要看如何将负面评判还原成客观事实。因为我们一旦给他人贴上了主观的负面标签，就很容易引起对方的抵触情绪，进而引发沟通冲突。我女儿上中学的时候住校，她不在家时我很想她，可是看到她每次回来后乱扔衣服袜子，我就很生气，总催着她赶紧收拾。

有次女儿忍不了了,噘起了嘴巴,一边收衣服一边抱怨:"我一星期就回来这两天,一回来你就吵我。我不就是进家脱了外套和牛仔裤吗,怎么就到处是我的脏衣服了?怎么就成垃圾堆了?好像家里都是我搞乱的一样!"

我听了之后更上火:"可不就是你搞乱的吗?还有你爹,你们爷俩的东西都是乱扔,满地都是你们掉的头发……"

这下麻烦了,她爹也出来阴阳怪气地说:"对,地上的头发都是我们爷俩掉的,你一根不掉,你是光头!"

我一气之下,把陈谷子烂芝麻都翻了出来,结果搞得一家三口谁也不愉快,好好的周末都给毁了。

我想如果我开始不乱贴标签,而是心平气和地建议女儿把衣服放到洗衣机,毕竟放在床上显得乱,也不卫生。这样的话,我俩估计也不会吵起来,女儿也更容易接受。如果我看到地上头发多,关心一下老公,问他是不是要调理一下身体,而不是说话夹枪带棒的,把战场扩大,一家三口周末肯定就能其乐融融了。

我现在深刻体会到了好好说话的价值。我自己在说话上踩了很多坑,以前总觉得自己为家庭付出那么多却得不到认可,总觉得家人是在故意和我作对。后来经过不断的学习后我才明白,是我习惯拿自己的主观评判当客观事实,还要求别人必须接受我给他们贴的标签,结果就会遭遇抵触、产生冲突。当我在沟通中可以客观还原事实后，我自己都感觉自己变得心平气和。

父母常会按照自己的认知给孩子贴标签，比如"你这孩子怎么这么笨"，或者"你这孩子就是死犟不听话"。其实孩子幼小的心灵并不太清楚，自己到底做错了什么以至于受到这样的评价？甚至他会背着这个标签，认定自己就是这样的人。然而《非暴力沟通》这本书则告诉我们：世界上没有笨孩子，只是每个孩子做的事、懂的事情和别人的不太一样而已。每个人都是不一样的花朵，开花的时间和花的形态不一样。如果我们都能有这样全然接纳的心，就会觉得这个世界就是多姿多彩的，一切都是最好的安排，就不会有那么多焦虑和愤怒了。因此，说话还原事实，不但能够温暖别人，还能够温暖我们自己。

要想说话还原事实，我们就要做到以下四点。

第一，避免以偏概全。以偏概全就是以一部分事实结果给别人扣上一个似是而非的大帽子。比如，有人说话经常用"总是、就是、从来、都是、一直、永远、每一次、根本……"这样的词语，这些词语大多言过其实。比如，妈妈经常骂孩子："你总是这么丢三落四，从来都不细心！"这显然不是事实，不如换成具体清晰的描述。虽然刚开始会觉得有点啰唆，可是真的会收到好效果，比如说："宝贝，你今天又把文具盒忘了，这周已经是第二次了。以后每天早上出发前，妈妈和你一起检查一遍书包，我们要做个细心的孩子，好不好？"

第二，避免乱扣帽子。 在一次气场课的现场答疑环节，有位爸爸站起来愁眉苦脸地说："我女儿才上初中，非要天天穿着奇装异服去学校，和一群小流氓在一起玩，该怎样才能让她听我的话呢？"现场几十位同学都听得神色凝重，觉得这问题确实挺严重的。但我仔细问了后才发现他所谓的奇装异服只是有洞的牛仔裤，而那些小流氓只是几个不好好学习的同班同学。这位爸爸相对比较保守，只是依据自己的标准随便给孩子们扣上了一个负面评判的帽子，孩子不但不会接受，还会很反感。父母爱孩子并不一定是要再复制一个自己，孩子做的事只是不太符合父母的标准，不一定就是错的。父母多些接纳和包容，就能少很多焦虑和愤怒。

第三，避免用猜测做结果。 很多妈妈会这样跟孩子说话："别玩手机了，眼睛都坏了！"或者会对老公说："你快去锻炼，都要胖成猪了！"虽然是出于关爱，但是大概没人会领情。

个人的猜测不能做结果，尤其是不要把自己推测的负面结果强加于人，还包裹上一层"我是为你好"的糖衣。如果你对朋友这么说："你不要喝这么多冰水，会得胃病的！"喝冰水一定会得胃病吗？虽然你是好心提醒，可是把猜测直接当成事实非常肯定地说出来，会让对方感觉不舒服，因为她会觉得你在否定她，甚至还会觉得她很无知。那如何还原事实呢？我们要清晰描述事实，然后说出自己的担心，并弱化结果："你喝了两杯冰水了，我真有点担心，会不会胃疼？"这样说话更多地强调了自己对朋友的担心，而且是在用不确定的语气来表达某种可能的结果。这样表达是不是效果更好呢？

第四，虚泛词要澄清。虚泛词就是我们常用的一些形容词，每个人对这些词汇的理解有所不同。比如，两口子吵架，丈夫说妻子："你也太强势了吧！"强势就是个虚泛词，每个人对强势的理解不一样。你并没有说出她具体做了些什么事让你觉得她是强势的。要把事实摆出来，要以理服人。比如，结婚十几年，春节总回妻子家，不回他家，这样就让他觉得妻子很强势。

如果我们遇到家人或朋友讲话时爱用主观的虚泛词作评判，我们可以用一句话帮助对方还原事实。这句话就是："举个例子……"或者"比如说……"如果说长一点就是："具体发生了什么让你这么说？"他可以描述看到了什么、听到了什么，尽量做到客观描述，你就发现他说的虚泛词并不一定能让很多人认同。

说话能够还原事实，就不会让人觉得是无理取闹。接下来，我们可以在生活中好好做练习，看起来虽然平平无奇，但是用起来效果神奇。

做作业啦

请将下面这三句话分别还原事实再表达一遍，看看是不是可以得到不一样的效果。

1. 那个男人特别讨厌！
2. 大冬天你穿这么少，老了会得老寒腿的！
3. 你就天天这么混日子吧，一辈子都没啥出息！

第 14 课

表达感受：心里有爱要说出来

我有位女学员是某家大公司的财务主管。她长相清秀，身材纤瘦，总是给人一种疏离感。她说自己是"三无"人员：无情趣，无爱好，无朋友。多年来，她的工作生活非常规律，甚至单调到乏味，她和丈夫之间也越来越没话说。虽然他们目前并没出现什么大问题，但她开始有了危机感，她很想改善夫妻关系，因为她很重视自己的三口之家。

我问她平时他们夫妻之间的沟通是怎样的，她诧异地看着我："沟通？老夫老妻了，就是有事说事呗，大部分也都是关于孩子的事。"

我请她举个例子，她想了半天就把前天晚上夫妻俩的对话描述如下。

她丈夫很晚回家，看见她还没睡，就问她："你怎么还没睡呢？干吗呢？"

妻子："看书。"

丈夫："什么书啊？好看吗？"

妻子："还行。"

丈夫遂感无趣，转身去洗漱，没再说话。

听完她的描述，我无奈地看着她："就这啊？"她无辜地看着我："还能怎样？"很多夫妻之间没有真正的沟通。他们会有事说事，没事都不知道要说什么。刚才那位女士的丈夫明显是想多聊几句的，因为他问的都是开放式问题，妻子只要接过话头就可以有很多话题展开。比如，丈夫问："你怎么还没睡？干吗呢？"妻子完全可以说："等你啊，你这么晚没回来我不放心，又怕犯困特意找本小说来看……"你看，这就既表达了自己的感受，还留下更多可以谈论的话题。如果都像她那样干巴巴地回答两个字，谁还能继续聊下去呢？

可能很多人会担心这样说话会不会显得过于肉麻。沟通本是维系夫妻感情的纽带，夫妻又不是同事，不能只是有事的时候有一说一，没事的时候一言不发。如果真是这样，时间长了，感情就容易变淡。无论是妻子还是丈夫，都不要做钢铁侠，而是要把对于对方的爱和关心表达出来。

有位女性朋友曾向我吐槽她的男朋友。她离婚几年后认识了这位男士，打算进一步发展。有个周末，俩人约好一起去看电影，男朋友开车到她家地下停车场等她。结果她被困到了电梯里，电话也打不出去，感到既恐惧又无助。后来物业人员前后折腾了二十多分钟才打开电梯。当她脸色煞白、双腿发软、浑身是汗地从电梯里出来见到男朋友时，本以为男朋友会给她一个温暖的拥抱。结果这位男士听完手足无措，最后挠挠头说："这算啥事啊？现在的电梯不会真的掉下去的，你怕啥呀？我上一次在电梯里面困了两个小时呢！"

这位女士感觉自己的一腔柔情掉到了冰窖里，瞬间觉得什么都变得索然无味，电影也不愿看了，悻悻然回了家，而男子还在后面不明所以然。因为她和这位男士相处时就像面对着一堵墙，听到的永远都是干巴巴的几句话，没有任何感性的回应。俩人的这段感情最终还是无疾而终了。

如果沟通中不会表达自己的感受，就等于没有打开自己的心，也很难进行有情感的交流和心的联结。那到底什么是感受呢？简单说就是，**我们的大脑在外部接收到的信息，会使我们的内心产生一些心理变化，我们把它称作"感受"**。比如，困在电梯里的女士，大脑接收到的是"电梯故障""手机没信号"等信息，因此产生了恐惧、担心、焦虑、不安的情绪，她很渴望得到男朋友的感性回应，比如有力的拥抱，或者语言的安抚。情商高的男士还会更进一步表达自己的担心。如果男士懂得这样表达，双方就能达到情绪的同频、内心的联结，关系一定会更进一步。

人和人之间是通过四个步骤从陌生走向熟悉亲密的，依次是打招呼、说事实、谈感受、谈隐私。从普通关系到朋友关系最关键的就是第三步——谈感受。第三步也是从理性到感性的关键一步，更是打开心扉、愿意深度联结的关键一步。谈感受可以加强内心的深层联结。

很多人之所以不太会表达感受，是因为他们在成长的过程中，情绪感受被压抑了。中国人的感情相对内敛，我们一向认为一个人喜怒不形于色、情绪不外露是成熟稳重的表现。因此，我们小时候在表达情绪的时候，大部分是被制止的。比如，小孩子如果哭闹，很多父母只会简单粗暴地呵斥制止："不许哭！"这样会让孩子觉得哭是错误的，爸爸妈妈不喜欢不允许。"男儿有泪不轻弹"的观念让男性潜意识里认为，男人流眼泪是很羞耻的，男子汉就是不能哭鼻子。有些情感丰富的女孩如果想跟父母倾诉表达，也往往会被大人以"不要想太多"的话给糊弄过去。这样下去，不仅仅负面情绪被否定了，正面情绪的表达也会被禁锢，于是大家都成了不善表达感受的"钢铁侠"。

当一个人压抑内心的感受，看什么都觉得差不多，就做不到共情他人的感受。这样的人就很难和别人建立真正深层的联结，达到更加亲密的关系。更可怕的是，成年人感受上的这种麻木会直接影响到自己的下一代。相信没有一个人愿意让自己的孩子成为一个不会表达感受和爱的无趣生硬的人。如何学会表达感受呢？我们可以从以下几个方面着手改变。

增加词汇量和敏感度。要多看常用的表达情绪感受的词汇。我建议你尝试一个人大声地把这些词读出来，同时去体验读这些词汇的时候，你的身体和心理都有哪些变化。这样慢慢地就能让自己的身心变得敏感起来，同时也能让感受词汇丰富起来。

从小说和散文中学习。 如果你本身是缺少情趣的钢铁侠，那就要给自己做情感启蒙了。在优秀的文学作品中了解人性，学习如何表达情绪感受并进行练习。小说中有大量关于人物情绪感受的描写以及有情有趣的对话，优美的散文更是情感细腻、感动人心。如果刚开始你不好意思说，就要先学着用文字向家人、孩子表达情感，或者尝试在朋友圈、自媒体上发一些对天气、景物的欣赏和感受，逐渐提升自己的表达能力。

帮助家人表达感受。 父母该如何教孩子表达感受呢？父母首先不能压抑自己的感受，要常在孩子面前表达，同时还要教孩子甄别自己的情绪感受并说出来。比如，孩子因为玩具坏了哭泣，妈妈可以说："我看到你在哭，宝贝是不是觉得很难过啊？"这就让孩子明白了他此时哭泣是因为"难过"，同时他的情绪也是被允许、被接纳的，孩子就学会了如实表达自己的感受。如果孩子因为害怕或者难过而哭泣，而大人却训斥她脆弱或者不够坚强，很容易给孩子造成心理创伤。

我先生虽然很爱女儿，但是曾经很不会表达，以至于我女儿曾跟我说感觉爸爸不爱她了。我郑重地找我先生沟通了一下，希望他可以表达出自己心里的爱，同时也告诉了他爸爸对女儿表达情感的重要性。终于，我用我多年学习的智慧感化和改变了他。现在这对父女的对话都是这样的：

女儿:"爸爸,我爱你哦!"
爸爸:"嗯,我也爱你!"

女儿因为感受到了父爱而更加自信开朗,我先生也因为学会了表达感受而更幽默健谈,我也因为用智慧帮到了他们而收获了更多的爱与尊重。真诚地分享你的感受吧,有爱就要说出来,你会觉得世界都变得温暖起来了。

做作业啦

试着表达一下对某事、某物或者某人的感受吧,可以写一段文字或者录制一小段视频,看看你表达感受的词汇有多少,以及语句是否能真情动人。

第 15 课

说清需求：清楚说出我想要什么

我有一位南方的女学员小林性格腼腆、不善言辞，每次我在课堂上向她提问的时候，她都是局促地拼命摇头："我、我、我不知道该怎么说……"她学习很认真，因为她很想提升个人能力，还想改善家庭关系。有一天晚上，她给我发来私信说："老师，我现在把学到的沟通方法用在家人身上，有些确实很好用。可我现在最想让我老公听我的话，还不知道该怎么做。"

我听了之后忍不住笑了起来。很多人来学习气场课，总以为可以掌握一些"魔法"，好让自己的家人乖乖地听自己的话。有效沟通并不是为了操控别人，而是在尊重他人的同时能让对方欣然接受，还能让彼此的关系变得更和谐。我就让小林举个例子，看她平时是如何跟她老公说话的。通过她的例子，我发现小林和老公的讲话模式都是"不要"这样、"不要"那样，都是说自己不想要的，但是她没有清楚地表明自己想要什么。我给她的建议是把"不要"变成"要"，而且要求不能太空洞了，要清晰具体。比如，如果她非常希望老公像以前那样爱她，就要清楚具体地说出来：到底怎样做才是达到她想要的标准，这样她老公就知道自己该怎么做了。

她若有所思，决定试一试。过了几天，她又给我发来了私信，这一次变得兴高采烈。她在信息里说："老师，我这次终于知道该怎么跟我老公说了！"原来前两天他俩又吵上了，小林老公很崩溃地冲她喊："你到底想干吗？"

小林忽然想起我说的话，就哭着说："我要你像谈恋爱的时候那样，不管我怎么吵怎么闹你都紧紧地抱着我，不管我怎么挣扎你都不放手，那样我才能感到你是重视我的！"小林老公听完愣了三秒，忽然很感动地上来紧紧抱住小林，小林在他在怀里又哭又闹又踢又打，她老公都不放手。那一刻小林感觉像回到了谈恋爱的时候，她像一个任性的小孩子一样，被老公保护着、包容着。

说不出来做不到，说不清楚做不好。你只有清晰地告诉对方你想要他做些什么满足你的内心需求，对方才能明白他该怎样去做就能让你感到满意。这样可以避免不必要的冲突，达成有效沟通。小林最后说的话为什么她老公就欣然接受并做出了改变呢？就是因为用了这个结构：**我想让你做些什么来满足我的内心需求，从而让我感到你重视我。**

我们气场班有位非常智慧的妈妈文文，她平时主要是居家办公，管理自家公司的账目。当她忙工作的时候，刚三岁的小儿子总会在旁边哼唧，要妈妈带他出去玩。遇到这样的情况，很多妈妈刚开始还能耐心地对孩子说:"宝贝听话,自己到旁边玩去,等妈妈忙完再带你出去玩!"这样说话听起来似乎没什么问题,但这么小的孩子根本不明白什么时候才算妈妈忙完了。于是,刚过一会儿他就跑过来问:"妈妈你忙完了吧?"这会打扰妈妈的工作,搞不好最后妈妈不耐烦了,再上演一场鸡飞狗跳。遇到这种情况,文文就会先评估一下自己的工作时间,比如大约半个小时可以结束,她就会先找个大概这个时间长度的动画片先让小孩看,并且告诉孩子,看完动画片,自己工作就做完了,就可以出去玩了;或者指着钟表的时针告诉孩子,当这根时针指到这个位置的时候,妈妈就可以过来陪他玩了。这样跟孩子说话,就非常清晰地让孩子明白时间节点,孩子就不至于因为不清楚规则而总来提前找她。智慧的文文还会给孩子派一个小任务:"妈妈去工作,你在这看动画片,等会儿你要给妈妈讲动画片的故事哦。"所以这个时间段内,孩子就会专注看动画片,不来打扰妈妈了。而且每次说完她都会问小孩:"你说好不好?"这表现出对孩子的尊重,是在征求孩子的意见,而不是直接下命令:"坐那,不许动,乖一点!等着我!"

真正有效的沟通就是,我们要向对方清晰表达我要什么,而不是为了操控对方,同时还可以让我们的关系变得更加轻松、和谐。

这种沟通方式适用于所有人。我有一阵儿总抱怨找不到好的家政工人,后来才明白,并不是家政工人不够好,而是我没有说清楚自己到底想要什么。以前家政来打扫卫生,一开始会问我有什么具体要求,我就说:"你要多注意细节,小心别打碎物品,用心打扫干净。"现在看来这就是一个模糊的伪要求。结果往往是家政工人在前面打扫,我在旁边默默地观察,有些地方不满意,我就会皱着眉头"啧"一声,又怕说多了显得我这个雇主太挑剔。有时候,我干脆就拿个抹布,家政工人在前面擦,我就在后面擦。有次把家政大姐搞得很紧张,她诚惶诚恐地说:"我哪里做得不好,您直接指出来,还有什么问题吗?"我就带着怨气说:"你没看这窗户槽里有灰吗?你刚才怎么不擦一下呀?"她一听觉得我在抱怨她,结果做事也带着情绪,最后不欢而散。一连换了几个家政,我都觉得是自己运气不好,碰不到专业的家政。直到后来我学到这一部分的内容时,才突然明白,原来问题出在自己身上。后来再给新的家政大姐安排工作时,我就会温和而清晰地把我的要求,包括打扫工具、打扫顺序、注意事项等一项一项都交代清楚,这样家政大姐就明白了她该怎样做才能达到我的要求。每次她的打扫都能基本达到我的要求,我也会满意地向她道辛苦,并在她公司的平台上给她点赞。我的要求清晰具体,她做事认真达标,一直到现在我们都合作愉快。

如果对方说不明白自己想要什么,我们该如何启发他发现自己所需并能清晰说出来呢?很简单,我们可以用**"你想要什么"**这句话点醒他,并进一步澄清"具体是什么"。

我们气场班曾有一位云南的女学员燕子,她和她老公的感情特别好。她的老公是一个非常有智慧的人。燕子是个急性子,经常乱发脾气,她老公每次都很耐心地问:"亲爱的,别着急,你到底想要什么?"有时候会说得燕子都不好意思了,就跟老公道歉:"我就是性子急!"她老公往往又会温和地来一句:**"那你需要我怎么做才能配合你的急性子呢?"**我听了这样的话,不禁想击掌赞叹,这样智慧有爱的男性怎么可能经营不好自己的家庭呢？

很多年前我参加了一个心理学课程，当时班里有位女同学站起来向导师提问，但讲了半天自己离婚后总遇渣男的细枝末节，也没有提出什么实质性的问题。导师后来不得不请她暂停，直接问她："你想要什么？"这位女士鼓足勇气大声说："我想要婚姻！"这个要求听起来是不是就很明白了？可导师找了一张白纸写了两个大字"婚姻"，然后递给她说："好了，你要婚姻，我写好给你了，可以吗？"这位女同学当然是摇头了。接着，导师说："你的要求看似清晰，其实很虚泛。你想要什么样的婚姻？你想找一个什么样的伴侣？出现什么样的情景才是你想要的婚姻？通过这样的婚姻，可以满足你哪些内心需求？如果你不能把这些想清楚、说明白，只是为了婚姻而结婚，十有八九还是会失败。"这位女同学听完后若有所思，她确实没有想过这些。

在后来几天的学习过程中，这位女同学在身边助教和同学们的支持下，不断地探索自己对"婚姻"的需要，最后梳理出一个清晰的答案：她八岁的时候爸爸就去世了，她和妈妈相依为命。因此，她渴望通过婚姻满足她对温暖家庭的渴望，让她有充足的安全感。探索明白这个需求后，她就给未来的伴侣做了个画像："可以比自己年长3～8岁，不用多帅也无须多有钱，这样的男人就不会有太多应酬，也不会有太多诱惑。她只想找个成熟稳重、重视家庭的暖男。"这个清晰画像一出来，班里立刻有同学表示，自己有个朋友正好是单身，回去就介绍给她。大概一年后，我们班级群里就收到了她结婚的喜讯。当你能够清晰地说出自己内心到底想要什么时，你就知道该往哪个方向去努力了，周围的朋友也可以知道该怎么才能帮到你，心想事成的概率自然就大大提升了。

做作业啦

请用这节课所学的方法，将下面这段话调整成清晰的要求，可以让对方欣然接受。

原话是："怎么这么多快递啊？你又买一堆破烂。家里都成杂货铺了，烦死了！"

快来运用以下上面做学的，清晰表达出你的要求吧！

第 16 课

有催眠作用的话术：让人不知不觉听你的

一说到催眠，很多人就会想起那些舞台上的催眠表演。本来看上去很理智的人忽然会在催眠的作用下变得昏昏欲睡，然后做出一些不可思议的行为，所以很多人就觉得催眠是一种神秘的甚至有点邪恶的操控他人的力量，这是对催眠的误解。科学的催眠就是让人在放松的状态下保持专注的行为。人们在身心全然放松的状态下，会自然而然地接受说话者的建议。

其实，我们每个人每天都在被催眠和自我催眠中。例如，你在认真思考工作时，会忽然发现自己仿佛进入了一种真空状态，外界发生什么事你都恍若未闻，完全沉浸在自己的世界中，这个其实就是自我催眠。很多艺术家、创作者专注工作时都有过这样的体验。再比如，我们去看电影，被剧情感染得一会儿哭一会儿笑，一时间不知道自己身在何处，仿佛自己就是那个女主角，这也是催眠；铺天盖地的广告也在无时无刻地催眠着我们的大脑，不断地给我们植入新的概念。比如，"钻石恒久远，一颗永流传""收礼只收脑白金"，我们听到的时候不以为意，最后却发现还是会不由自主地被催眠。

因此，简单地说，我们与人沟通时，也可以在沟通气氛轻松、对方身心放松时，用一些简单的导语把对方催眠，让他不知不觉接受我们的建议。或许有人会说："不可能，我是一个特别理性、冷静的人，你怎么可能通过几句话就把我催眠呢？"其实催眠是无处不在的，人们在沟通过程中不仅在传递信息，沟通双方还会有很多心理活动。**虽然我们在接收信息的时候是理性的，但是真正促使我们采取行动的是感性的部分。催眠就是要对感性的部分产生影响。**

例如，有人看到了一款心仪的包，理智告诉她：不能买！这个月的房贷还要还，这么贵的包以后用起来也很麻烦，也没有多少可用的场合。买这个包的想法是疯狂的、不可理喻的……理智会促使她赶紧逃离现场，回家面对现实。而结果呢？她回到家后辗转反侧，夜不能寐，做梦都是自己背着那款包的样子。两天后，她还是不管不顾冲到店里刷卡买包，对自己说了句不知何时植入脑中的金句："女人就是要爱自己！"这个时候理智早就被抛到一边去了，真正促使我们做出选择、采取行动的是感性的部分。

当然，也会有人说，购物狂最容易被洗脑割韭菜，我就是一个特别冷静的人，我做什么事都要经过严密的分析。不过，如果一个人遇事沉着冷静，会进行严密的分析，那最后做决定时候，他的选择一定会给他踏实放心的感觉，而这种感觉就是感性的。所以，千万不要小看了感性的力量，这是最终决定我们做出选择、采取行动的因素。

在沟通中，我们可以调动对方感性的部分，让对方不知不觉地接受我们的建议，做出有益双方的事情。生活中，我们只要掌握了一些有催眠作用的话术，就能大大提升沟通效率。比如，可以让孩子听了之后更愿意乖乖地早点上床睡觉，让老公欣然去给自己清空购物车，让客户在感谢你的同时还愿意多买几件你的产品。

第一句：你发现了吗

当我们跟别人说话时加上这样一句导语"你发现了吗"，然后给他描述一种情景，他就会不由自主地被我们带进情景中去，并觉得这是理所当然正在发生的事情。虽然说他目前还不知道你的建议能给他带来什么，但是你语气坦然而笃定地给他描绘出那个画面、那个情景，只要是正向的，是他在潜意识里觉得安全和美好的，他就会自然而然地接受你的引导。这就是催眠的话术，是不是非常简单？

催眠的话术并不是孤立的，不是直接拿出一个论断就要求对方接受。如果你的语气很强硬，描述的情景会挑战对方的价值观，对方就会本能地保持警惕，产生理性的对抗。如果你说的是："你发现了吗？这些人都是骗子！"这类容易触碰安全感边界的内容是无法将对方催眠的。因此，催眠的话语中有很多模棱两可的、不确定的状态，比如你说："你发现了吗？等你学完这一课，你可能就掌握了轻而易举说服他人的能力，你会不会觉得很开心呢？"这句话里好几个不确定词，让你觉得接受也没关系，毕竟这些情景对自己是安全的，也是自己希望拥有的，就会点头接受。"你发现了吗"这句话会让你的潜意识防不胜防，会让你不由自主地点头。

第二句：对不对（或者是不是？对吗？你说是吗？你说呢？）

在一句话后面加上这样的催眠导语，会让对方感觉你在征求他的意见，让他有参与感，有选择权，很尊重他。如果我们上来就强势地发布自己的论断，很容易让对方产生本能的抗拒。不如把语气变柔和，该说的话还是要说，只是最后加一个这样的催眠导语，对方就会不由自主地点点头。

我认识的一位心理学女老师，大家对她的印象都是很有亲和力。她不论给大家讲什么内容，最后都会加一句："你说对不？"或者"大家说是不是？"学员听到后都会本能地回答：是！他们还觉得这位老师这么有学问，说完还要征求我的意见，问我是不是、对不对，真是谦虚亲和。

如果你把开头和结尾都用上催眠导语，那么你说的话就更有威力了。比如，"你发现了吗？王老师这个人真的很实在，只要问她一个问题，她都会知无不言、言无不尽，这样的老师真的不多见啊。你说是吧？"

第三句：是的，没错

当然，用第二个催眠话术可以增加让对方点头称是的可能性，但不代表百分之百会这样。假如对方质疑你或提出反对意见的时候，你需要怎么应对呢？这时，你可以说"是的，没错"。这不是给自己拆台吗？还是想讨好他啊？你有这种疑问很正常。人人都爱听顺耳的话，都希望被认可。当有人质疑你的时候，他是非常理性清醒的，并绷紧了神经等着辩论。如果你马上否定他并解释，那么他马上就会进入第二轮辩解，你来我往，往往就没完没了了。我们永远无法用一个道理说服另一个道理，生活中很多争执是无意义的，争不出对错，还会伤了感情。

面对别人的不同意见，我们可以先给个肯定："是的，没错。"这样可以让对方先放松戒备的神经，然后才好接着发表你的意见。这个肯定只是肯定对方话里可以肯定的一部分，让对方先感觉你和他是同盟军，先建立起信任，再把你的新发现分享给他，松动他固有的看法。此时，对你所说的话，他一般不会再直接反对，沟通就能更好地往下顺利发展，逐渐达成共识了。

第四句：当……

当你真的掌握了这些催眠导语的用法后，你会发现你与家人、朋友或者客户的沟通更为顺畅了。这就是我们一直想要的状态。"当"是一个非常有力量的词，它把未来可能有的画面直接拉到了你的眼前成为当下。"如果""假如"也是把可能的画面放到了眼前，可是态度有些含糊，不太确定，带有个人的理想化和假设性。就不像"当"这个词如此明确笃定，不容置疑。你可以通过三个例句体会一下：（1）"如果你中了1000万的大奖"；（2）"假如你中了1000万的大奖"；（3）"当你中了1000万的大奖！"你更想要哪句话的感觉呢？显然是第三句话，就算明知道是催眠，我们也想要它是眼前的现实。

第五句：因为……所以……

这两个导语有时候会貌似自建一套逻辑，会让人觉得有理。实际上一定有道理吗？那可未必。我有次去上一个课程，课程结束的时候，老师让三十多位同学围坐一圈，然后一人一小段接龙，朗诵一首长诗。老师就随机指定从女同学小宋那里开始，小宋很开心能第一个领诵，备感荣耀地站起来拿着话筒刚要张口，坐在中间的女同学兰兰忽然举起手说："还是从我这开始吧，因为我前面这位同学这会去洗手间了，等会朗诵到这儿的时候就会空出一个人来，所以还是从我这里开始吧！"她非常自信笃定地说出这段话，大家都顾不上细想，就觉得她说得有道理，小宋就把话筒乖乖交给了兰兰，朗诵就从兰兰开始了。朗诵结束课程完结，大家相互告别，却发现小宋坐在那里生闷气，愤愤不平地抱怨不知道怎么就被兰兰给绕进去了。

我忍不住偷笑，因为我知道虽然兰兰的理由经不起推敲，但就是因为她加上了催眠导语"因为……所以……"，我们的大脑会自动接受这个导语代表着充足的理由，往往就会稀里糊涂地听话了。这真是一个很神奇的催眠导语。

第六句：我想你也许……我感觉你可能……或许你会感觉……

这几句话听起来都是模糊的假设以及试探，但听者会被带入某种情景或状态，不会产生意识上的抗拒。

假如你跟对方说："你现在是不是很难受？还想哭？"听到你如此笃定的判断，有的人可能就会起逆反心理，他可能心想："你怎么知道我难受啊？我想哭啊？我就不哭！"这样沟通就会陷入尴尬境地。

我们可以换上这几句导语再试试："我感觉你现在有些情绪出来了，可能是伤心，或许还有些委屈？"这样的话会让人感觉舒服些，因为这只是在礼貌地试探，征询对方的确认，毕竟那是我们自己的感觉。就算我们的猜测不准确，也因为用了"可能""或许"这样的模糊词汇，不至于让听者产生抗拒心理。

有些人其实有自己的盲区，我们可以用这种方式提醒他觉察，做进一步的确认。比如："我想你也许是在童年时经历过和父母的分离，所以现在可能缺乏安全感，或许听到我这么说，你会感觉自己有情绪出来，这说明被我说中了……"

第七句：同时

我们可以把转折词，如"但是""可是""然而"等都尽量换成"同时"。因为所有转折词都代表着急转直下，无论你前面铺垫了多少，说得多委婉，对他有多少认可，只要后面加个"但是"或者"然而"，就把前面的全都推翻了。可能有人觉得之前说的那些话是不是都是虚情假意啊，就是为了引出"但是"后面的内容，内心难免产生抗拒。当我们换成"同时"，哪怕内容和刚才一样，也会让听者感觉这是个并列关系，前后不冲突、不矛盾，他就会更容易接受。

我们来看以下两句话的对比：

1. 你今天的演讲进步很大，主题明确，逻辑清晰，但是还有提升空间，还要继续加油！
2. 你今天的演讲进步很大，主题明确，逻辑清晰，同时还有提升空间，还要继续加油！

只是一个词的区别，可听起来是不是感觉大有不同？

做作业啦

可以写三段话，分别试着用上我们刚学过的催眠导语，上传到气场平台，与更多的学员一起交流。

第 17 课

化解冲突：润物无声，扑灭冲突三把火

人与人之间难免发生冲突，一般生活中的冲突刚开始都只是些很小的摩擦。很多人经常因为说话不当，而将小冲突变成大冲突，最后甚至可能会演变成闹剧、武打剧，甚至是悲剧。如果我们能在引发冲突之前懂得用沟通化解，把可能的两败俱伤转化成两厢欢喜，岂不美哉？我们可以用语言提前扑灭**引发沟通冲突的三把火**：**情绪**、**身份**、**信念**。

情绪：先处理情绪，再处理问题

沟通冲突往往伴随着强烈的负面情绪。当一个人情绪上头的时候，是无法进行理性思考的。我们一定要先化解情绪，再处理问题。如果不懂这个道理，只想据理力争，结果只会火上浇油，最后自己的情绪也会被点燃，沟通的双方可能会一拍两散。

第二部分

语言气场：会说话尽显高情商

十几年前，我在南方一个城市做国际物流，工作重点就是发展客户。有一次一位热心的老客户说要帮我引荐一位大老板，谈好了能发展成我的大客户。我当然很高兴，就约对方到一个很讲究的茶楼喝茶。那位大老板看上去是一位很沉稳的中年男子，相互寒暄后，我彬彬有礼地做了自我介绍，并且介绍了我们公司的背景。没想到那位大老板听到我们公司董事长的名字时忽然翻脸了。原来那位大老板和我们公司的董事长在多年前有过生意往来，还打了官司，他官司打输了，导致损失惨重。我所在的公司是我们公司的董事长后来注册的，我刚去不久，根本不知道这些往事。我算是自己跑来撞到人家枪口上了，当时要多尴尬就有多尴尬。

那位大老板把多年的积怨都发泄在了我身上，涨红着脸拍着桌子大骂："你们那个破公司，你们那个缺德董事长……"我被骂懵了，完全不知道该怎么办，就剩下本能的方式：闭嘴，倾听。当时我心里也转过好多念头：一是拼命解释这事和我无关——只是他盛怒之下很难听进去，还会觉得我是在狡辩；二是忍受不了就回怼——万一再把他激怒，我可打不过他；三是逃之夭夭——类似的事情可能以后还会发生，我都要逃吗？所以，我深吸一口气，闭嘴、倾听，努力保持微笑，还没忘记给他倒茶。其实当时我倒茶的手都是抖的，有愤怒，有尴尬，也有担心。

那位大老板一口气骂了大概有五分钟，忽然停下来了，看看我一直没有说话，他先有点不好意思了，自己找了个台阶说："算了算了，这事和你也没关系，喝茶喝茶。"介绍我们认识的客户也赶紧打圆场，这场危机才算化解，我也暗自舒了口气。后来结束的时候

125

这位大老板忽然冲我一竖大拇指："我今天算是认识你这个朋友了，改天到我厂里来做客。"我很意外，忍不住好奇地问他为什么。他说："我刚才那样发脾气，你都能一直沉得住气，不解释不跟我吵，说明你这个人大气，靠得住。我是不认你们公司，但认你这个朋友了，有什么需要帮忙的以后找我！"后来那位大老板还真的帮了我不少忙。

我只是做到了"闭嘴、倾听"就化解了一场冲突，还获得了对方的认可和帮助。后来当我学习了很多心理学和沟通课程之后，才明白当时我就是做到了"先处理情绪，再处理问题"。我用冷静、克制、礼貌的态度，让对方的负面情绪得到了足够的接纳，成功化解了沟通冲突，还得到了对方的认可。

其实处理情绪、化解冲突很简单，有时候就是让自己闭嘴就好。很多爱学习的朋友都有这种体会，"一学就会，一用就废"，主要是因为还没有达到真正身心合一的状态，遇见问题就恢复自己的本来面目。我也有过这个阶段，我之前曾下定决心要改善我和先生的沟通，可每次试两下不合心意就又开始发脾气了。有一天，他在某处办完事出来，我想表达一下我的关心，就非要开车接他一起回家。我们约好在天桥下会合，谁知阴错阳差我们不停地兜圈子总也遇不上，我在车里还好，他顶着大太阳听我在电话里指挥，在天桥上跑了好几圈，好不容易钻进车里时已经浑身是汗。他冲我大喊："谁让你接我了？我在天桥上跑得快中暑了！"要是按我平时的脾气，我们俩不大吵一架冷战半个月是绝不罢休的。就在我的火气要被点燃的一刹那，我忽然想起要"先处理情绪，再处理问题"，于是就生生让自己闭嘴，然后听他哇里哇啦地抱怨。我就说了一句自己都嫌肉麻的话："人家不是想跟你一起回家吗？"

他忽然就停下来了，有点不敢相信地看着我，想不到我竟然会这么跟他说话。车里紧张的气氛一下子就变得轻松了。我那次的"闭嘴"真的使我们的夫妻关系有了质的飞跃，从此开启和谐相处的大门。后来我就逐渐习惯成自然，情绪上头时就让自己闭嘴或者尽量少说。只要不是什么原则性问题，何必非要急赤白脸地争个谁对谁错？扑灭了情绪之火，基本就吵不起来了，沟通冲突也就迎刃而解了。

身份：我是谁，我在对谁说

人是社会关系的总和。我们每个人都有很多不同的身份，不同的身份有不同的关系，有不同的思维模式和行为准则。身份位置如果站错了，沟通的心态和状态就会错位，就容易引发沟通冲突。所以在沟通的时候，我们要知道我是谁，我在对谁说。

网上流传着英国女王伊丽莎白和她的丈夫菲利普亲王的一个小故事，这对著名的夫妻恩爱相伴 73 年，但是在他俩刚结婚的时候，也因为身份地位的不同，产生过冲突。据说他们刚结婚不久，在一次盛大晚宴上，英国女王会见了很多政要名流，女王相当于她的职业身份，在这种正式场合肯定要先忙政务，不经意间就冷落了新婚丈夫菲利普亲王，亲王就闷闷不乐地提前回去了。等女王履行完自己的职责之后,准备回到卧室去休息了,可她发现卧室门竟然反锁着。女王只好在外面敲敲门,菲利普亲王在里面问:"是谁?"女王还在职业身份里,就傲然回答:"我是女王。"门没有开。女王有些生气了,她还真没遇到过这种待遇,但是想了想,她又敲敲门,里面继续问:"是谁?"女王换了种说法:"我是伊丽莎白。"她报上了自己的大名,可是门依然没开。女王这次真生气了,扭头就走了,可走了几步,想一想这个问题还是要解决啊,于是转身回来再次敲门,菲利普依然在里面问:"是谁?"女王温柔地回答:"我是你的妻子。"这一次门开了。

很多朋友觉得我学过这么多课程,还教过这么多学生,我现在应该是沟通无难事了吧?还真不一定,因为我们在成长过程中总有自己的盲区。身份错位,沟通白费。我以前跟我先生说话的时候,就像老师教导小学生一样。当然,在我先生看来,我不仅像老师一样教育他,还会以老婆的身份训斥他。人都是爱面子的,他要是承认老婆说得对,那就代表他是错的。所以,我越说得头头是道、清楚明白,他就越发打死都不能承认,要不然以后更没好日子过了。甚至我刚张口,他还没听到我要说什么,就觉得我要来教训他了,所以就开始抵触,甚至故意拧着干。

有一天晚上,他拿起一个橙子,正打算剥开吃,我就说:"这个橙子很好吃,你缺维生素,你要多吃点!"他立刻把橙子往盘里一放,像小孩子赌气一样头一拧说:"不吃!"我当时火就上来了:"你故意的吧?我是为你好你都听不出来吗?"他的声音也高了八度:"谁说我要吃了?我看看不行啊?"我猜很多夫妻都有过类似的冲突，总是一个人觉得自己说得没错，但另一方却故意作对。

实际上，我说这句话还是身份错位了。我拿出教育和命令他的姿态，难怪他会不舒服，不领情，对着干。如果我站在妻子的身份当时这样说可能会好一些："这个橙子你尝尝，看我这次买的怎么样，要是不甜的话下回还是你买吧，你买的比我买的好。"**家是讲爱的地方，不是讲理的地方**，我们要时刻记住自己是谁，在对谁说话。

信念：意见不同时先跟后带

从本质上说，人和人之间的冲突都是信念的冲突。没有两个人是完全一样的，也没有谁绝对对或错。生活中只要不是触及底线的事，我们都可以对不同的信念有更多的包容和接纳，这样才能活得幸福轻松。"和而不同，美美与共"指的是一个人既有自己独特的信念和个性，同时也能和他人和谐共处。这是我们每个人修炼的方向。

当然，有人会说：如果意见不同，该怎样避免冲突呢？那就要学会有效的沟通方法：先跟后带。顾名思义，就是沟通的时候，先跟随附和对方的观点，当对方和你建立起足够的信任的时候，再带动他接受你的观点。这是一种润物细无声的说服力，可以让对方不再固执己见，还会视你为朋友。这个方法听起来很美，那该怎么用呢？我有一个朋友叫李丽，她就特别善用先跟后带的沟通方式。

有一天，李丽的老公回到家跟她说："老婆，小张要找咱们借两万块钱,你给他转过去吧!"我猜大部分女性是不乐意轻易借钱的,更何况还没有提前商量过。有些暴脾气的一听可能就要开骂了。大部分男人又特别爱面子,被老婆这么一顿指责,接下来可能就是一场冲突。

李丽也不例外,她心里肯定不痛快,她知道那个小张很不靠谱,这钱只要借了就别指望还了。可是她也知道她老公脾气特别倔,又是特别好面子的人,张口就通知她转账,显然就没打算跟她商量。李丽的应对方式就特别值得学习。

她先是很平静地接过话:"哦?小张找你借钱啊?你们俩平时关系还挺好的,他要真的有难处了,你就帮帮他呗。"这个步骤叫接纳跟随。她没有做任何否定,而是跟随附和,甚至还替老公说出了借钱的理由。她老公一听就觉得老婆真是通情达理,就愿意继续听下去了。

李丽接着问:"那你有没有问他借两万块钱要干吗呀?"这个步骤叫还原事实。就是先把事情了解清楚,同时让老公在这个过程中冷静下来,变得理智。

她老公说:"他不是打光棍好长时间了吗?现在好不容易找了个女朋友,想表现表现,就想送女朋友一部折叠屏手机当生日礼物。"

李丽听了说:"哦,是这样啊,小张都三十多了终于找到女朋友了,还真是好事啊。他要给女朋友买这么贵的手机,说明他还真是很喜欢这个女朋友的。"

老公乐呵呵地说:"可不是嘛,这个女人才20出头,长得也漂亮,小张可上心了!"以上都是用跟随附和的方式一步步还原事实,也就是跟随着对方的话往下说,绝不否定。这样做就让对方愿意多说,也愿意继续听你讲。

李丽继续说:"小张这么有福气啊,年龄这么大了还没啥钱,都能找到20出头的漂亮姑娘,难怪这么上心,都要借钱买手机了,要是我可舍不得让你买这么贵的手机。"有没有发现,这一步在跟随话题的同时开始逐渐往外"带",李丽老公听到这里忽然觉得有点不对味了:对啊,老婆是舍不得让老公买这么贵的手机的。

李丽接着说:"小张现在都开始借钱哄女朋友开心,这以后怎么办呢?万一女朋友误以为小张有钱,以后还有更高的期待,难道小张一直借钱吗?借了你的他就敢再去借别人的,万一以后他俩分手了,不但女朋友没了,小张还会欠一屁股债,作为好朋友,你这是帮他还是害他啊?"这个步骤是重塑价值往外"带"。她老公之所以要借钱,是认为他和小张是好朋友,李丽就顺着他看重的价值重新给定义一番——你这是帮他还是害他啊?

她老公听了频频点头,但又面有难色地说:"你说的还真是有道理,不过我要不借给他,这多不义气啊!"

李丽就开始肯定认可,增加带动的力量。她说:"我知道你对朋友特讲义气,我最欣赏的就是你这点!这样吧,只要小张这个女朋友能成,结婚的时候咱们给他拿一万块钱的红包,支持他成家立业,等他生孩子时咱们再封个大红包。这是大喜事,我们作为朋友一定不能小气。现在我们就不要去借这个钱,让他去做力不从心的事了,不一定会起好作用。这样才是真的对朋友好。你就跟小张明说我管着钱,让他埋怨我好了。"

得了,最后连解决方法都提供了,她老公听得连连称是,乐呵呵地去照办了。李丽就是按照**先跟后带的四步骤[(1)跟随接纳;(2)还原事实;(3)重塑价值;(4)带动并提供解决方案]**,圆满解决了一场潜在的冲突,并让老公对她心悦诚服,还加深了夫妻感情。

做作业啦

假如你想花几千块钱报一门课程,你的爱人非常生气,坚决反对,还认为你是被骗了。你可以尝试用上面所学的化解冲突的方法去跟他沟通一下。

第 18 课

解决问题：朋友求助，守好沟通界限

有天晚上朋友西西给我打电话的时候，我正在外地出差，因为讲了一天课，累得一回到酒店就躺床上睡着了。等我醒来时，发现她已经给我发了十几条语音，还有三个未接电话。我赶忙打电话问她怎么了。电话一接通，我立刻就听到了她沙哑的声音："你可算接电话了……我真的不知道该怎么办了，你一定要帮帮我！"

西西是我认识多年的好朋友，她个人条件非常优秀，才貌双全，待人真诚，因为对另一半的要求很高，所以 30 多岁了还一直单身。半年前我们见面的时候，她说终于遇到合适的另一半了，我特别高兴，还琢磨着送她什么结婚礼物呢。没想到今天她找我哭诉的就是，她觉得她和那位男士三观不合，相处时间久了很多矛盾就浮现出来了。那位男士还以工作为由向她借了一笔钱一直没还，俩人昨晚大吵一架又让她备感心寒。她现在非常纠结。分手吧，单身这么久了，好不容易才碰到一个感觉还算适合结婚的男人，而且都见过家长，准备领证了；不分手吧，俩人现在还没结婚就已经有这么多矛盾了，明显性格不合，如果硬着头皮结婚了，以后俩人的矛盾还是无法调和，那岂不是要付出更大的代价？她左右为难，实在不知道该怎么办，所以希望我能帮她支个招。

其实类似的事情我们多多少少都遇见过。如果你遇到朋友求助，会怎么做呢？我们不推荐下面这几种回应方式。

拔刀相助型："什么？这混蛋敢欺负你？姐们儿帮你去抽他！"请守住界限，注意分寸，要是抽他能解决问题，还要律师干什么呢？就算你真的去抽了，人家俩人转头又和好了，你怎么办？

人间指南型："赶紧分手！把钱要回来，立刻把渣男踢出去！"或者："不能分啊，找谁没毛病啊？难道真要单身一辈子？"请别乱支招，不要代替他人进行选择！作为当事人，能走的路她肯定都反复掂量过很多遍了，她之所以没做选择一定是有你所不知道的顾虑。她未必有能力按照你说的去做，即使按照你说的做了，后面如果出现意外状况了，怎么办？

深挖隐私型："到底怎么回事啊？他到底有什么性格缺陷？你借给他多少钱啊？为啥不还啊……"我们需要适当降低自己的好奇心，不要让人感觉你挖到大瓜了，八卦的心多于想帮忙的心。你知道的隐私越多，也许改天她离你就越远。毕竟，谁都不愿意再面对自己曾经的狼狈不堪。万一哪天她的私事被爱嚼舌根的人到处传播时，也许你就成了第一个被怀疑对象。因此，倾诉者愿意说多少，你就听多少。

第二部分

语言气场：会说话尽显高情商

　　以上几种形式基本上都会留下后遗症，甚至还会落埋怨、被疏远。作为成年人，尤其是平时还挺被众人推崇的优秀人士，她肯定不愿意承认自己没能力、没头脑、没本事。她找你求助，其实是希望你帮她确认一下她的哪个想法更可行，更多的是希望得到你的理解和认同。你可以试一试，平时你替朋友出的主意不管有多么合理适用，只要对方内心没准备好，都会找出合理的理由来解释自己为何不能做。比如，你说"去搜集证据，打官司也要把钱要回来"，对方却很为难地说："也不至于这么撕破脸吧？我觉得他还不至于这么坏，如果真的钱没了，就算我上辈子欠他的吧。"到时候你就发现你支了很多招，可对方总能找到理由表示没办法做。你并不是当事人，并不清楚这件事的前因后果。你支的招只是建立在他提供的信息之上，你以为合理的方案也不一定适用于他。一定要记住：**当你不能为你说的那句话的后果负责时，就不要帮别人乱出主意。**

　　还有一种情况就是，对方可能在情急之下，跟你讲了所有的内情，你也真的帮了她，但事情过后她很可能又会后悔，就算她相信你不会传播八卦，她也不想再面对你，因为会想到自己最狼狈不堪的样子。你有多尽力，过后她对你就会有多疏远。朋友之间有界限有分寸，才能处得长远。面对朋友的求助，我们一定要把握好这三个原则：**守好界限，不乱支招、不挖隐私。**具体该怎么做呢？我们可以用刚才西西的故事，来分三步进行解析。

　　第一，先处理情绪，再处理问题。人的情绪脑反应速度要比理智脑快很多倍，所以人在有情绪时是无法进行理智思考的，此时讲道理、出主意根本没用，一定要先处理情绪，再处理问题。怎么处理对方的情绪呢？如果我和西西面对面，那我可能会给她一个温暖的拥抱或者轻轻拍拍她的肩膀。而我们那天是打电话沟通的，所以只能用声音和话语来安抚她的情绪。

西西在电话里的声音调门很高，语速又快，声音带着哭腔，措辞也非常混乱，与她平时优雅端庄的状态截然不同。我能够明显感受到她情绪激动、焦虑不安。我就在电话这端一直用亲切的语气、平稳的语速跟她说话，我的语气、语速会不知不觉地影响她，让她因为激动而过快的语速和高亢的声调逐渐降下来。我对她说："别着急，慢慢说，我在这听着呢，我能听清楚……"这些看似简单的话语具有神奇的魔力，没有评判，没有火上浇油，只有全然的接纳和陪伴。当她在电话那端的声调和语速都稳定下来后，我就知道她的焦灼情绪已经基本平复，理智脑可以工作了。这时我们就可以进行第二步了。

第二，凡事至少有三个解决办法。很多人看事情容易非黑即白，要么往东，要么往西，结果就会左右为难。其实，凡事必有至少三个解决办法，只要我们能开阔思路找出第三个解决方案，就可能找到更多的方法。一旦能看到更多选择的时候，我们就会下意识地松口气，觉得事情没有那么难了。

西西开始陷入了纠结：要么分手，要么结婚。无论选择哪个方案，她都有顾虑。我给她提出了是否可以有第三个方案：冷静——先不考虑接下来是结婚还是分手，两个人各自先冷静一段时间，再看接下来的解决方向。西西听完在电话那端"唔"了一声，觉得也是一个方法。接下来，我安排西西去准备三张白纸和一支笔，将三个解决方案分别写到一张纸上。然后，她在每个方案下面开始写出采取这个方案的好处有哪些，坏处有哪些。接下来，她要再看看每个方案的好处多还是坏处多。最后，如何选择就要她自己去衡量了。看完这三个方案的利弊得失，还要看你需要做好哪些准备，有可能付出什么代价。比如，要是分手，有可能就会错过这个人，再也找不到更好的了；借出去的钱也很可能收不回来了；如果结婚，也有可能以后还是无法磨合好，那就是真的跳进火坑了。那么你有没有考虑好自己是否有勇气和能力承担这些代价？如果想避免或减少损伤，你需要找哪些资源来支持？比如，是否要学学经营婚姻的智慧？或者找律师咨询如何把钱追回来？

人之所以纠结茫然、举棋不定，是因为有对未知的担忧。一旦我们一条条地梳理清楚各种可能性，好的坏的都摆在自己面前，需要寻求什么资源来补救就一目了然了，就会发现一切都没那么可怕了。

西西做这个步骤时，我挂断了电话，她自己知道就好，不用什么都跟我说。这个步骤很关键，因为每个人能说出来的顾虑往往都是比较冠冕堂皇的，内心真正的顾虑很多是不想让别人知道的。如果她要一条条地说给我听，就无法真正解决问题了。所以，她看清自己的顾虑就好，只要她有勇气去面对就足够了。至今我也不知道那个男人到底找他借了多少钱，到底做了什么让她觉得他有性格缺陷的事，她不讲我也不会问。不要对朋友的隐私太过好奇，这是做人的分寸。

等西西做完这个步骤再给我打电话时,声音恢复了原来的明亮和稳定,语气也变得轻松了。听得出来,当她梳理清楚这些解决方案以及各种需要做的准备后,就发现原来觉得天大的事,其实也就那样。人最大的恐惧是未知,一旦知道前面的路是什么样子了,就没那么可怕了。

第三,你的人生,你做主。 之后,我对西西说了一段话,这段话可以分为三段,我们后面可以分析其中的原理。

- 每个人一生中都会遇到几个难题,我看到了你愿意去面对的勇气,以及想关照到每个人感受的善良。
- 你已经看到了几种解决方案和各种可能性,接下来你就要遵循自己的内心去做选择了。
- 同时,不管你做了哪种选择,作为朋友我都表示尊重和祝福。我就在这里,需要的时候你就来找我吧。

这些话看起来很简单,是不是?但是它的威力是巨大的。

第一段是对她的充分肯定。我肯定了她可能自己都没意识到的闪光点(敢于面对的勇气),肯定了她的深层动机(关照到每个人感受的善良),会让她感到温暖和鼓励,进而有力量去行动了。

第二段是让她明白她的人生她做主。她的选择她负责,我作为朋友只能支持她。

第二部分
语言气场：会说话尽显高情商

第三段是站在朋友的位置上表达尊重和祝福。我想让她知道，我就在这里，她需要我的时候，我随时可以给她支持。

之后，很长时间我都没有西西的消息，但是也没有主动追问。两个月后，西西来找我，一进门她就给了我一个大大的拥抱："谢谢你，亲爱的，那天的谈话让我解决了这个难题，避免了更大的损失。"

原来上次通话后，西西认真考虑了一夜，最终还是选择了分手。她跟那个男人摊牌后，男人发现无力挽回就变了副嘴脸，卸下了谦谦君子的伪装。他不仅恶语相加，连威胁恫吓都用上了。他扬言借西西的钱早就花完了，不可能还她钱了。西西原来还对这个男人抱有希望，这一下彻底看清了渣男的嘴脸。西西再也不想顾及什么面子了，找了律师打官司，最后钱也没追回来，她还气得大病了一场。病好后，她全力投入工作，结果业绩节节攀升，前天刚签下了一个前所未有的大单。

她比以前瘦了好多，脸色也有些憔悴，可是眼睛发亮，目光坚定，说话的声音明亮欢快。她原来优雅温柔的样子就像攀缘的凌霄花，而现在就像经历了风雨后的小树，挺拔自信，淡定从容。

人生就像一场升级考试，老天总会给我们出几道难题。如果你畏难而退或者胡乱答题，那你的分数一定不及格，只能留级；如果你迎难而上，用心解答，就能过关升级并得到奖励。

后来西西的事业做得越来越红火。我们都没再提起过这件事，但彼此多了很多信任和尊重。真正的朋友，不就是在对方需要的时候做她心灵的加油站吗？让她可以依靠歇息，为她加油助力，帮她确认新的方向，支持她向着自己的目标出发。

做作业啦

如果你有一个好朋友年近不惑，在原单位工作一直不顺心，现在有个大单位看中了她的业务能力，待遇上了个台阶，她终于可以摆脱原来的压抑状态了。可是新单位在另一个城市，她如果换了工作，就只能周末或节假日才能回趟家陪老公和孩子了。鱼和熊掌不可兼得，她陷入了纠结中。如果她来找你出主意，你会怎样跟她沟通呢？

第三部分

心灵气场

活 出 生 命 的 光 芒

心灵是气场的动力源头

心改变了，一切都会改变

第 19 课

信念：相信什么，就能看见什么

中国有句古话叫作"**相由心生**"，外在的一切都是内心的投影。很多时候我们理解的都是第一层意思，就是说一个人的外在相貌能够呈现出这个人的内心；其实这句话还有第二层意思，"相"指的是"实相"，也就是说我们每个人看到的事实景象其实都是我们内心的投影。为什么会这么说呢？

有一个非常著名的心理学实验，叫"疤痕实验"。心理学家召集了很多被试，告诉他们说："我们想做个实验，看看人们对于脸上有伤疤的人，会有什么样的反应。"

这些被试分别被带到了不同的房间，化妆师为他们化上各种各样的特效伤痕妆，化好之后给他们照镜子，每个人看到自己的样子时都惊呼："这伤疤太丑了，太可怕了！"随后化妆师就把镜子收起来，并对他们说："我要用定妆粉把你们脸上的妆固定下来。"

其实化妆师在上"定妆粉"的过程中,把刚才为他们化好的伤疤全部擦掉了,也就是说,最后这些被试脸上一点伤疤都没有了,只是化了普通的淡妆。但是被试并不知道,他们以为自己脸上还一直带着很恐怖的伤疤。接下来,他们被分别送到了不同的公共场所,比如医院、商场等,整个过程中他们不可以照镜子,陪同的工作人员也尽量避免他们看到自己的脸。一个小时后,工作人员把他们分别带了回来。

随后,心理学家对被试进行了采访,分别询问他们周围的人是如何看待他们的。结果所有的被试都表示,感觉非常受歧视。有的被试说人们看到他就被吓跑了;有的被试说有人故意装作不以为意的样子,但是实际上对他非常没有礼貌;有的被试说有人故意跑来和他打招呼,但实际上就是过来看他的伤疤……这一切都让他们感到非常难受。

接着,心理学家递给被试一面镜子,这时候他们才发现自己的脸上其实什么疤痕都没有,和平时是一样的。可为什么他们会感受到周围人对他们是充满歧视的或感到恐惧的呢?因为这些所谓的"实相"就是他们内心的投影,这就是"相由心生"。

我们活在由自己的感官塑造出来的主观世界里。这句话怎么理解呢?我们通过自己的视觉、听觉、触觉、嗅觉、味觉五大感官感知到世界之后,会将信息传输到我们的大脑,大脑根据原有的经验和认知,对这些信息进行整合、分析、思考之后,得出结论。由于每个人所处的环境、看问题的角度、经验的不同,所以就算是面对同样的人和事物，也会得出不同的结论。每个人看到的世界都是主观的。

对整个世界而言，我们就像一个个井底之蛙，通过自己信念的井口去看世界，然后坚持自己看到的那一小部分就是全世界。 每个人所坚持的不同，无非就是因为彼此的井口大小、形状以及井的深浅不同而已。有一次，我听一位学者自嘲说："我们其实都是井底之蛙，大家也不用认为我说的都是对的，我不过是只有点名气的青蛙。"

最能说明这个问题的就是现在的互联网世界。你看看新闻、短视频、直播间里的评论区就会发现，同样一件事，评论区却是众说纷纭。信念不同必然导致看法不同，没有绝对的谁对谁错。面对不同的看法，可以多问问自己：我以为我以为的就是我以为的吗？

信念是指我们认为事情应该是怎样的。 每个人都有很多无法计数的信念，绝大部分深藏于潜意识当中，一直在默默地指挥着我们的行动，影响着我们的人生。没有任何信念是绝对的真理，但我们大多数人对自己的信念深信不疑。我们甚至会调动全身心去配合自己内在的信念，这会影响我们的人生，甚至是我们的生命。

在第二次世界大战期间，有一个非常著名的、也是非常不人道的实验。纳粹军官抓到了一个年轻力壮的盟军战士，他们把这个战俘关到了一间小黑屋里，蒙着他的眼睛，双手反绑捆在一张椅子上。然后，纳粹军官就宣布战俘死刑，他们拿出一把冰刀，在战俘的手腕上狠狠地拉了一下——实际上只让他产生了痛感,根本就没有划开他的动脉。接着,这些纳粹军官就给战俘放录音,对战俘说:"听,这就是你的血流到盆里面的声音,你听着自己血流的声音去死吧。"而后,纳粹军官就离开了房间,只留下了以为自己的血要流干的战俘独自忍受身心的煎熬。几个小时之后,军官们回到了小黑屋里,发现了令人震惊的一幕:那位年轻力壮的战俘在身体毫发无伤的情况下真的死了。因为他当时已经深信自己就会这样死去,当他这么认为的时候,全身心都会配合这个信念,于是逐渐精神崩溃、心力衰竭,直至死亡。我们可以看出信念的力量是多么强大。

我自己有过类似的经历。曾有朋友说带我去见一位大师,据她说那位大师神通广大。见面后,那位大师给我左掐右算,忽然眉头一皱说:"你要注意自己的身体了。"然后,他就不再多说了。这下搞得我心跳加快,腿脚发软。第二天我就赶紧去做体检,等待体检报告大约要一周的时间,那一周我差不多就是"病人"的状态了,总感觉自己呼吸不畅,全身无力。可等我战战兢兢拿到体检报告一看,却发现什么事也没有,医生看了报告还夸我:"身体素质不错啊!"我立马就变得健步如飞、浑身是劲、底气十足,开始约朋友一起去吃火锅了。这可真是"你内心相信什么,真的就能看见什么!"

在现实生活中,我们发现乐观的人总是经常遇到积极向上的人和事,而一个悲观的人就总觉得处处都是凄风冷雨,感到生活无望;一个自私的人总会觉得别人都在算计他,而一个爱挑剔的人看到的都是别人的毛病。其实如果你内心没有这些影像,你也就不会看到你以为的"实相"。

信念形成的途径就注定了它是有局限性的。

第一个途径：本人的亲身经验。我们从出生到长大要亲自经历很多事才会有自己的经验，才能逐渐形成我们对世界的认知、内在的信念。但我们的经历是非常有限的，所以我们的信念一定是有局限的。

第二个途径：观察他人的经验。除了根据自身经历所总结的经验，我们还会看到身边的人与事，从中获得经验。

第三个途径：接受信任的人给我们灌输。这一生谁是我们最信任的人？当然是我们的父母、亲人、老师以及亲近的朋友。如果没有什么特殊情况的话，每个孩子都是在父母身边长大的，父母是孩子一生中最重要的老师，也是对孩子一生影响最深远的人，不管这个孩子是有意无意，甚至不管是否认同他父母的信念，孩子的潜意识都会照单全收。一个孩子信念的形成，最初基本都是从父母那里得来的。而父母的信念也有自己的局限性，怎能保证从父母那里传递过来的信念就能让孩子去应对他们的未来呢？

第四个途径：自我思考得出来的结论。我们长大成人后会对一些人与事经过自己的思考，得出新的结论。但是自我思考的结论就一定对吗？肯定不是，我现在的认知高度又能达到多高呢？最后我们会发现，对于这个世界而言，我们都是井底之蛙，只不过看世界的井口，大小、形状不一样而已。没有什么信念是永远正确的，也没有什么信念是永远适用的，可我们往往会认为那是真理，我们的人生就会不知不觉地被这些局限性信念的绳索给困住了。

有这样一个真实的故事：东南亚国家的马戏团大多会有大象表演，大象力大无穷，可以用鼻子卷起一棵大树。可是表演结束后，大象都是用一根细细的绳子随便拴在一个地方的。很多人就好奇："这根小绳子怎么可能拴住大象？你们不怕大象跑吗？"马戏团的人说："放心吧，它不会跑的。"为什么呢？因为当大象还小的时候，马戏团就用这么细的绳子拴住它，小象刚开始力气小，想逃跑也无法挣脱，同时驯兽师会拿鞭子狠狠地抽打它。渐渐地，小象就有了自己的信念：这根绳子挣不脱，而且只要想挣脱就会付出惨痛的代价。久而久之，小象心中就有了一根永远不能挣脱的隐形绳索，不管后来长到多大的块头，它都会守着这根绳子，不敢越雷池一步，因为心中的信念才是它的牢笼。

我们每个人也都有这样一根隐形的绳索束缚住了自己，绳索的名字叫"我认为""我以为""我觉得"。我们对固有的信念习以为常，甚至从来没有认真思考过这个信念的合理性，只是本能地拿起就用，结果发现自己总是走不出自己的"牢笼"。所以，每当你觉得自己陷入困境又无法突破的时候，一定要问自己："真的是这样吗？""还有其他可能性吗？""我要不要再换个思路试一试？"只要我们能够突破自己的局限性信念，就会看到"原来人生还可以这样"！

我们经常听到一句话：性格决定命运。那性格是怎么决定命运的呢？这里是有一个渐进的过程的。我们每个人都有自己的信念，信念会主导一个人对外持有什么样的态度。而后，态度会影响行为，行为会养成习惯，习惯又会塑造性格，而性格决定一个人的命运。这样追根溯源，我们就发现真正决定命运的是我们内在的信念。

我们只有突破局限性信念的牢笼，重塑心灵，才可以活出不一样的精彩人生。

做作业啦

请认真想一想，曾经有什么样的信念影响了你的人生？哪些局限性信念的隐形绳索捆住了你？可以到气场平台，和大家一起分享你的故事。

第 20 课

自拔：关注解决和未来

有位女士经常愁眉苦脸，说话总是唉声叹气。在她看来，所有的事都让人发愁。比如，她总是发愁她的儿子不好好学习，担心他将来考不上好高中。其实，她的儿子虽然算不上学霸，但是学习也不差，偶尔成绩有些波动都很正常。后来她儿子还真的擦着边儿考上了梦寐以求的重点高中。我打电话表示祝贺，没想到她一接电话又是一声熟悉的叹息声，因为她担心重点高中人才济济，她儿子在这所学校成绩垫底会压力太大。她总这样左也愁右也愁，永远处于焦虑纠结之中，简直就是个负能量包，跟她说话多了都会觉得喘不过气来。久而久之，我都不敢接她的电话了，怕把自己的心情搞坏了。生活中有不少人都拥有这种思维模式：永远只看到问题和困难，担心这，害怕那，负能量爆表。

于是我就问她："你为什么总是看困难呢？不能看点好的方面吗？"她瞪大眼睛，像看外星人一样看着我："做人要居安思危，多想这件事各种可能不好的结果，这样我儿子才能重视起来啊！"

我也忍不住叹口气："居安思危要有个度，压力太大会让人干脆放弃的。"她不解地看着我，认为我这是阿Q思想，对问题不够重视。她的看法当然是错的，每个人的思维模式都是不一样的。**莎士比亚曾经说：事情没有什么不同，是思想使其两样。**就像桌上有半杯水，乐观的人看到之后，就会高兴地说，这里还有半杯水！可是悲观的人看到之后就会说，怎么就剩半杯水了呢？思维定式不知不觉就会让我们背负一些不必要的负面情绪。我们要有意识地去改变这种思维定式，让我们可以更好地建立积极的思维模式，突破自寻的烦恼，打破自设的困局，不再总是"未雨绸缪，提前发愁"。接下来，我们做几个突破思维模式的练习。

先想一想，近期有什么让你感到困扰的事？我们以孩子的成绩来举例，比如，最近自己孩子的成绩下滑了。想到这件事情，请你在心里按照以下思路继续想：

- 到底什么地方出了问题，让这个孩子的成绩下滑了？
- 为什么是我家孩子的成绩下滑了？
- 这个问题有多久了，让他一下子成绩下滑那么多？
- 孩子成绩下滑，让我感觉更焦虑了……
- 孩子成绩一下滑，我原来计划的周末游又泡汤了……
- 都怪他爸爸天天不着家、不管孩子，孩子的成绩才下滑的！
- 我就因为没考上好大学，所以才混成今天这样，看这孩子现在的成绩，以后也难有好前途，这辈子可怎么办啊……

等你按照这个思路一路想下来，是不是都要哭了？为什么会出现这种情况呢？刚才那样的思路是**自困模式：只关注问题、原因和负面结果。**这种思维模式会把我们的思路局限在某个范围内。如果我们总是去思考为什么得不到自己想要的，就会把自己框定在那些不成功的原因和自己无法控制的事情上，结果就会造成我们越这样想，就越痛苦、越纠结。然后，我们会不自觉地陷入困境的框架里，经常发愁、焦虑，不仅无法发挥出内在的能量，也会严重地影响做事的积极性。这种思维模式呈现在沟通上，就成了一个标准的抱怨模式，会影响我们的人际关系，甚至是我们的身心健康。

语言真的是有能量的，哪怕只是按照这种思维模式想一想，都会影响到我们的心态和身体。我们可以再做一个思维练习，走出这种负能量困境，建立起积极的思维模式。我们还是以孩子的成绩下滑为例，在心里按以下的模式来思考：

- 孩子成绩下滑了，我该怎么解决？
- 我可以找谁来帮忙一起解决这件事呢？
- 我想要什么样的结果呢？
- 我大概什么时候能够解决这个问题？
- 等他成绩提上来之后，我还可以做些什么帮孩子巩固这个成果？
- 孩子成绩提上来之后，我是否可以做些比如出游计划来奖励自己？
- 关于孩子成绩的问题，我可以让孩子的爸爸一起做些什么工作呢？

有没有发现，按照这个思维模式将刚才的话想一遍，你就会忍不住面露微笑、浑身轻松，甚至内心跃跃欲试呢？我们现在感觉有了希望、有了盼头，身心充满了积极的能量。这种思维模式就是**关注问题解决、关注未来的自拔模式**。这种思维模式使我们更关注行动与成果，在这件事情中，始终保持一种积极的心态，所以更容易做出突破。每次的突破又会增加我们的信心和力量，我们遇到下一个困难时就会更容易处理。这样我们就一步一步从困境中拔出来了。

问题本身不是问题，看问题的方式才是问题。同样一件事情，用不同的思维模式去面对和解决，获得的结果和情绪体验是完全不同的。思维模式会直接影响我们的人生方向。

我们可以再做个练习来巩固一下。前段时间有一位张先生来找我咨询，他说他的儿子要报考国外名牌大学的研究生，可是高昂的学费给他们带来了巨大的压力，夫妻俩因此产生了争吵，还愁肠百结，不知该怎么办。他关注的完全是自己当下所处的困境，无奈又无力。困难确实摆在那里，但问题总要解决，所以要先改变思路，才会有能量去面对、去解决。我启发他用自拔模式来思考：

- 近期有什么事情可以让我们家增加收入？
- 是否可以找到朋友帮忙借点钱？
- 是否可以找到有这方面经验的家长去问问他们之前是怎么解决的？
- 还有没有其他可以少交钱的途径？比如申请奖学金之类。
- 还有没有学费低点同时也不错的学校可以就读？

- 是否跟儿子商量暂缓一年入学，我们再多储备一点学费？

关注问题解决，关注未来，我启发他用这样的思维模式来思考。于是，他的焦虑渐渐地缓解了，他开始给相关的朋友打电话去询问，还真找到了解决办法：

- 他儿子可以申请到奖学金，并且愿意到国外后半工半读，自己解决生活费；
- 他们家还有所小房子，可以抵押贷款，又解决了一部分学费缺口；
- 他儿子感恩爸爸妈妈尽力支持自己的学业，决心工作后自己偿还这部分贷款。

张先生的儿子顺利踏上求学之路的那天，他们夫妇打来电话向我表示感谢，说通过这件事不仅改变了自己的思维模式，解决了大难题，还让一家三口彼此更为理解和包容了。内心改变了，一切都会跟着改变。

或许有人会说这就像是阿 Q 精神，困难还是客观存在的。其实积极向上的思维模式和阿 Q 精神是完全不同的。阿 Q 精神是对现实的逃避，比如他明明刚刚被人打了一顿，却想象着自欺欺人："将来我的儿子会很阔的。"实际上，他并没有儿子，同时他又毫不作为，只是凭想象做自我安慰。而我们现在提倡的这种自拨模式，是正确对待事物的两面性，哪怕遭遇了挫折，还会积极地想办法去解决，给自己采取行动的动力，甚至还会把所有的挫折当成人生的动力，在失败中汲取经验，让自己不断有质的飞跃。

第三部分

心灵气场：活出生命的光芒

不管我们未来遇到什么样的困难，都要记得关注未来，关注问题解决，将自己从困境中拔出来。你可以这样思考：

- 我想有什么样的解决办法？
- 我想要一个什么样的结果？
- 我目前有什么能力，对解决这件事情有什么帮助？
- 还有什么人和事可以帮助我解决问题？
- 我可以做些什么尽快解决问题？
- 这件事情解决之后，我还要做些什么，以防今后再出现类似的事情？

最后，你还要跟自己说："**重复旧的做法，只会得到旧的结果，我们要把焦点放在未来和解决问题上来。**"遇到问题不要总是低头发愁，而是要抬头看未来。思维模式改变了，面对很多问题，就可以举重若轻了。

做作业啦

假如你的朋友最近很烦恼，他觉得部门主管总挑他的毛病，他感觉度日如年，可又担心年纪大了没办法换工作。请你试着用自拔模式帮他解困吧。

第 21 课

脱困：走出思维困境

爸爸带着五岁的儿子去郊游，儿子看见路边有一块废弃的石头，非常喜欢，闹着要搬回家。爸爸想考验一下儿子，就说："这是你想要的，你只要能自己想办法把它搬到车上去，我就把它带回家。"

五岁的儿子用尽全力去搬这块石头，甚至脱下衣服，绑在上面去拖，累得筋疲力尽，才拖动了一两米。实在累得不行了，就开始坐在地上哭："我真的搬不动了，我实在没办法了……"爸爸问儿子："真的吗？你真的一点办法都没了吗？"孩子哭着点点头。爸爸说："你明明还有一个办法，可是你却一直没有用，你可以请我帮忙啊！"

其实，很多时候我们也和这个孩子一样被"没有办法"的信念挡住了眼睛，从而放弃了寻求新的方法。真正困住我们的是我们的局限性信念。**"没有办法"的信念会导致我们无法突破，甚至会执着于旧的模式坚持不肯改变。**以前我先生经常因为工作应酬喝酒，我们也常为这件事闹矛盾。每次他都解释说人情难却、工作需要，并且痛苦无奈地说:"我也不想喝,可我真的没有办法!没有一点办法!"当他坚持"没有办法"的时候,所有让他喝酒的理由都是无法拒绝的。可有一年,他体检时发现肝脏出现了问题,医生警告他必须戒酒,他从此便滴酒不沾,到现在已经有八年时间了。他忽然发现,根本没有人会坚持让他必须喝酒,他也没有因为戒酒而影响工作,并且因为彻底戒酒,他身体恢复了健康,家庭关系和职场人际关系都得到了提升。

想挣脱这个"没有办法"的困局,**首先就是一定要相信总有其他的可能性。重复旧的模式只会得到旧的结果,做不一样的事改变才会真的发生!**

我们很容易陷入二元对立的思维模式,变得左右为难。我有一位闺蜜的女儿已经大学毕业了,有一次我们聚会的时候,闺蜜皱着眉头教育她女儿:"我早就说你一点人生目标都没有,现在我就给你两条路让你选:要么赶紧找个对象结婚,要么就出国留学继续读研!"她女儿看妈妈这样强势命令就开始较劲:"我就不!两样我都不想要!"

我在旁边笑着说:"你说这两个方向并不冲突啊,女儿可以出国读研,同时找对象结婚;在国内找对象结婚,也不妨碍她继续读研啊。为什么你非得把这事说成鱼和熊掌不可兼得呢?"母女俩一听,忽然都笑了起来。我们一旦陷入二元对立的思维陷阱中,就会觉得仿佛有个死结"没有办法"解决。因此,我们要时刻提醒自己:走出思维困境,**凡事必有至少三个解决方法**。

三是一个神奇的数字，中国古语说：一生二、二生三、三生万物。只要你能想到第三个解决方法，你就会发现后续的办法越来越多。要让自己多做思维练习，每件事都要找到至少三个解决方法，慢慢地你就会触类旁通，形成四通八达的思维网络。你还可以帮助别人，走出思维的困境。

我有一位女性朋友，一直想改善和老公的关系。我建议这位"钢铁女侠"从学着跟老公撒娇开始。她一听就赶紧摆手："不行不行，我就是不会撒娇，太肉麻了，我真是张不开口，我可没办法做到！"我就给她用了**四步脱困法**，帮助她突破了内心这个"没有办法"的魔咒。

第一步：时间节点。我说："你是说你到现在为止，还没学会跟老公撒娇是吗？"第一步就是给她的困境加上了时间节点——到现在为止，就是在提醒她，现在可能还不行，可是不代表以后不可能。她听到这句话，不由自主地点点头，是啊，因为这话没毛病。

第二步：明确因果。我说："因为你以前还没了解到撒娇在婚姻中的重要性，所以到现在为止，你还做不到跟老公撒娇，是不是？"这句话就帮她理清楚了这件事情的前因后果，让她看到自己认为"没有办法"是因为她还没有了解到撒娇的重要性。听到这里，她又不由自主地点点头。

第三步：策划未来。我是这么跟她说的："当你学会亲密关系中的沟通方法，你就能够做到自然而然地跟老公撒娇了，老公也能很自然而喜悦地接受了,你说是不是?"她听了之后忍不住笑着点点头,眼睛里开始闪光,仿佛看到了那个甜蜜的未来画面。这个步骤就是给她策划了一个未来情景,用"当你……你就能……"这样的句式把她带入那个本来就存在于她潜意识当中的情景里,她一定会欣然认同的。

第四步:采取行动。我又跟她说:"我给你推荐这门女性气场课程,你学习之后,肯定能改善亲密关系,并且唤醒你的女性能量,你一定能够身心合一地跟你老公撒娇了……"这就是直接推动她采取具体行动,并看到美好的未来。她开心地点头说:"太好了,我一定要学!"

这就是四步脱困法,每一步都在润物细无声地拆解她的限制性信念,打破她内心深处的"我做不到,我没办法",让她找到原因,看到未来并有清晰的目标和动力去行动。

四步脱困法不仅可以用于给他人做思想工作,还可以让自己从限制性信念的牢笼中解脱。比如,前一段时间我非常苦恼,觉得自己辛辛苦苦做直播、拍短视频,但自媒体的粉丝量一直很难增长。我甚至一度自嘲是"冷血体质",又不愿去模仿有些主播的做法,就陷入了"没有办法"的困境里,索性停了直播干脆躺平。躺平的那段时间,我以为自己可以安于细水长流的平淡时光,可是每当我整理气场课程的资料时,看到因为气场课程而幸福蜕变的学员们,就觉得还是要把这门可以真正助力女性成长的课程传播下去,帮助更多的女性活出生命的光芒。于是我就用四步脱困法为自己重塑信念。我先认真写下我以为的"我没办法"的事：我真的没办法让自媒体粉丝达到上万人。看到这句话，我的心都在发痛，越看越沮丧、无力。

然后，我开始按照这四步脱困的方式一步一步写下来。

第一步：时间节点。到现在为止，我还没有办法做到自媒体粉丝量倍增加黄V认证。这句话写完，我心里就释然了许多，"没有办法做到的事"已经变成过去式了，只是截至目前而已，未来总会有转机。

第二步：明确因果。因为过去我并未系统学过自媒体运营类的课程，也没有像很多主播那样几乎每天直播几个小时的辛苦积累，所以到现在为止，我还没有办法做到粉丝量倍增加黄V认证。写完这句话，我忽然有些不好意思了。是啊，我并没有像其他主播一样投入那么多财力和精力去做自媒体，凭什么我就认为自己就该获得他们那样的成果呢？一切都是我自己选择的，我有什么好抱怨的？

第三步：策划未来。当我也去系统学习自媒体运营的课程，并且开始坚持每天直播做好人气和经验的积累，我就能做到粉丝量倍增加黄V认证。写到这里，我眼前就闪现了几个字：三个月！对啊，只要找对方法并踏踏实实去做，经过时间的积累一定能做到啊！我忽然充满了信心。

第四步：采取行动。我要去找有成功经验的主播朋友咨询，找

第三部分

心灵气场：活出生命的光芒

到一门系统的课程开始学习，同时说做就做，开始每天直播，边学边做边提升，我一定能在三个月时间认证自媒体黄 V！

写完这句话，我立刻拿起电话开始找朋友请教经验并咨询相关课程，定下了每天直播的时间，公布在朋友圈里，请大家支持，其实也是监督，完全不给自己留后路。

相信你一定很关心我现在的情况，截至目前，我每天早晨直播两个小时，每次直播都可以精准吸引粉丝几十人，虽然数量比起大 V 来不算什么，可对于我这个刚刚启动每天直播的人来说，这样的基础还是很不错的。最重要的是，我直播的状态一天比一天好，边学边做边调整，正确的努力一定会有收获！我就是用这四步脱困法让自己走出了躺平的状态，突破了"没有办法"的困境。

因此，总结下来就是"**一定要相信，二者可兼得，至少三种解决方法，四步脱困法。**"它可以帮我们轻松击碎"没有办法"的思维困境。

| 做作业啦

张女士的一位女性朋友邀请她一起去香港参加某健康产品推广会，这位朋友一直要拉她加盟。张女士考虑自身的经济情况不想加盟，可又担心因此会失去这位朋友，就开始左右为难，感觉自己没有办法解决。运用今天所学的哪几条，你怎样帮她脱离思维困境呢？

161

第 22 课

破局：打破"应该"，人生不设限

有一对年轻的夫妻是我多年的好友，他们的儿子三岁时，孩子妈妈就来找我求助。起因是她觉得孩子的爸爸总是板着一张脸，说话总是训斥的语气，儿子看见爸爸就躲得远远的，孩子还跟妈妈说最喜欢爸爸出差。她非常不理解为什么孩子的爸爸一定要对孩子这个态度，孩子又没犯什么错。

孩子的爸爸陆先生听到妻子的吐槽，就瞪着眼睛说："当爸爸的就应该对孩子严厉！"

我微笑着问："为什么呀？"

陆先生认真地说："严父慈母，孩子在家里得有个怕的人，这样才能给他立规矩，我这也是为他好！"

我继续微笑着说："是的，我们是需要给孩子立规矩。可是立规矩只能板着脸训斥吗？"

陆先生听完挠挠头，不解地问我："那还能怎么样？不就应该这样吗？"

这位孩子爸爸头脑里面有很多个"应该"。他认为家里应该是严父慈母的模式，父亲就应该让孩子感到害怕，父亲就应该给孩子立规矩，父亲就应该板着脸训斥孩子……从深层动机上来看，这些信念确实是出于对孩子的爱。问题在于：爱孩子可以有很多种方式，立规矩也可以有其他的方式。难道那些暖心的老爸就没有办法给孩子立规矩了吗？耐心亲切就不可能养育好孩子了吗？显然不是，**当我们内心有太多自己认定的"应该"时，就自动屏蔽了其他的可能性**。很多人即使面对家庭矛盾和自我困扰，也要执拗地坚持自己内心的"应该"，而不愿去做出任何形式的改变。他已经被自己头脑中的"应该"给困住了。我们应该学学如何突破这些顽固的"应该"。

美国作家马克·吐温说过这样一句话：**"你要是拿着锤子出门，你就会发现到处都是钉子。"**"应该"就是你认定事情就是这样的，然而你认定的又未必是真的。中国古代有个成语故事"疑邻盗斧"，说有一个人的斧子丢了，他想起昨天只有邻居家小孩来他家了，他觉得斧子"应该"就是被那个小孩偷走了。当他有了这个"应该"的想法之后，他怎么看这个小孩都像小偷。孩子不看他则"应该"是做贼心虚，孩子冲他笑一笑"应该"是得逞的炫耀，孩子往村外跑"应该"是转移赃物。总之，当他带着"应该"的有色眼镜去看这个孩子的时候，孩子的一举一动都有做小偷的合理性。谁知到了晚上，他发现斧子在自家柴火堆下埋着，是他自己忘了。原来他冤枉了孩子，这个时候他再回想孩子的那些行为，就觉得孩子一点也不像小偷了。这是不是很像生活中的我们，一旦心里有了一些应该，就只能看到应该的样子？

从我记事起,我妈妈就经常犯胃病,所以很多年她吃东西,都非常小心。随着年纪增大,她犯病越来越频繁,每次陪着她去看医生,她上来就主动说:"我可是几十年的老胃病了,这次又犯了。"她这么一说,医生就会更多地去关注她的胃,可是这么多年也没有。终于有一年,我姐姐带她到南京的医院去检查身体,我妈妈见到医生又是那句话。可是这位医生并没有被她的"应该"给困住,认真地了解了她的各种症状之后,直接让她去检查胆囊。检查结果表明她有严重的胆囊炎,于是就做了胆囊摘除手术,根子就此解决了,后来她的胃真的再也没有疼过。我们经常调侃她:"终于给你的胃平反昭雪了!"这真是应了海灵格大师说的那句话:"一旦你做了判断,你就看不到真相。"

一个人的头脑里有多少坚持的应该,就会经历多少挫败。这个世界不会完全按照我们的逻辑去运行,很多时候我们坚持自己的应该,就像让自己戴着枷锁前行,又辛苦又痛苦。我有一位男性前同事,比我年长,非常有才华,性格耿直,愤世嫉俗。对于看不惯的事,他就会梗着脖子吵闹:"这件事就应该这样处理!"他说的未必没有道理,可是如果达不到效果,是可以换换形式的。可他不会变通,只是一味地据理力争。结果,后来他的工作变得举步维艰,最后干脆提前病退。因为一见面他就对我们冷嘲热讽,搞得大家看见他就想绕着走。因为听他说教应该怎么样,实在是太令人痛苦了。

坚持自己的底线没有问题,只是千万不要陷入"我执",人的痛苦往往来自对一些"应该"的执念。这个世界永远不变的就是永远在变,哪有什么信念是永远适用于任何环境和任何人的呢?做人

第三部分

心灵气场：活出生命的光芒

需要坚持底线，但形式可以灵活一些。重点在于，**我们坚持的"应该"要符合三赢原则：我好，你好，大家好。不能只为自己的"应该"而让他人受到伤害。**

打破"应该"的灯下黑，经常自问：**我以为我以为的就是我以为的吗？** 曾有一段时间，人们点煤油灯照明，灯光能把周围照亮，可灯下却是最黑的。我们每个人都有自己的"灯下黑"，我们对一些事情的理解其实只是自以为是，我们坚持的"应该"存在很大的局限性，这阻碍了我们进行多方位的学习。比如，有人说："人就应该知足常乐，顺其自然。"他的理解就是应该两手一摊，直接躺平了等结果。如果结果不如人意，那么他还会说："我就该是这个命！"这听起来很佛系，其实是不负责任的自我放弃。真正的顺其自然是要顺应大道，尽力而为，再接受最后自然呈现的结果。

没有什么绝对的应该，我们可以试试更大的可能性。"女人就应该是贤妻良母"这句话曾经把我压了很多年。当年，我为了追求更好的人生，借钱让先生去北京继续深造，我自己则从电视台辞职去南方闯荡，把六岁的女儿放在姥姥家。当时，对于我到底要干什么，周围的人给出了各种版本的猜测：她应该是偷着跑出去生二胎了！她应该是闹离婚跟大款跑了！她应该是出什么事了！

最可笑的是，竟然还有一位女士直接义正词严地指着我的鼻子说："作为妈妈，我们就应该陪着孩子一天天长大，你竟然为了自己的什么梦想，连孩子都不管了，你不觉得自私吗？"

面对这么多责难和质疑,我当时非常痛苦,可内心还是坚信一点,那就是我是为了一家三口能有更好的未来。只要我们一家三口愿意,我干吗要按你们定义的"应该"而活?所以,我还是毅然打破了这些"应该",迈出了改变人生的关键一步。如果我当年没有打破"应该"的勇气,今天大家应该也看不到这本书,更没有今天的王敏气场课程了。今天,我和先生感情很好,我们都有自己最热爱的事业,而我的女儿一直和我无话不谈,我既是她的妈妈,也是她的闺密,还是她的榜样。我认为,能够理解和支持伴侣的事业,亦有自己的追求,能够积极向上,为孩子做好榜样,引领孩子的成长,这才是真正的贤妻良母!

没有什么亘古不变的"应该"。我们要勇敢地打破头脑中的"应该",不给人生设限才能活得更轻松自在。

做作业啦

你的头脑中是否有什么限制你的"应该",看你能列出几条,并运用新的思维模式一一打破。

第 23 课

转念：思维转个弯，短板变长板

曾有一位女士来找我咨询。她 38 岁了，在互联网企业工作了十几年，看着公司不停入职的年轻人，她产生了强烈的危机感。她感觉自己年龄大了，加班有些吃力了，竞争不过年轻人。她担心自己马上就要失业了，可又不知道还能干什么，焦虑致使她整夜失眠。

我非常理解她的感受，年龄确实是无法回避的事实。人到中年要和年轻人去拼体力，确实会感到吃力，尤其是在互联网企业。不过我们可以转念想一想，于是我就问她："在什么情况下，中年人会比年轻人更有优势？离开了现在的公司，在什么样的环境中，年龄反而是优势？"

听到这样的问题，她开始思索，眼睛忽然亮了。她说现在确实没办法和年轻人拼体力了，可是她有丰富的专业经验和客户资源。之前很多公司邀请她去给年轻员工做培训，主要是看重她有多年的工作经验。她一直负责现在所在公司的对外宣传，有多年运营百万粉丝短视频账号的经验，以后她也可以用这些经验来运营自己的自媒体。

说到这些，她不由得松了口气，脸上开始浮现出笑容。很多时候，转换一下思维，短板也能变成长板，这就是环境转念法。对于那些不能接受自己，总觉得自己的某些特点是短板、内心感到自卑又受困于某种环境的人，环境转念法是最有效的思维模式。

鲁迅先生曾经在文章中写道："大概是物以稀为贵，北京的白菜运往浙江，便用红铜绳系着菜根，倒挂在水果店头尊为胶菜，而福建野生的芦荟一到北京，就请进温室，美其名曰龙舌兰。"同理，一个人在不同的环境中产生的价值也不同。假如一个人暂时不能改变，你还可以换个环境再来重新定义价值，所谓"树挪死，人挪活"。一个人在某个环境中发挥不出价值，并不代表你这个人真的不行，而是要找到更适合自己的环境，发挥出自身独特的价值。

我曾经做过礼仪讲师。在大家的印象中，礼仪讲师应该是那种身材娇小、举止优雅的年轻女郎，穿着职业短裙，脖子上系一条丝巾，满面微笑，就像空姐一样。而我年龄太大，个子太高，不穿短裙，气场太强。有一次我到一家房地产公司讲课，被他们老总嫌弃人高马大的，不像个礼仪老师。可等他听完我的课后，又很激动地跑来握着我的手说："王老师，您的课讲得太有深度了，太好了，我还是第一次见到能够讲出历史文化、讲出心理学的礼仪老师，实在是受益匪浅！下次我要邀请我的那些大客户们，一起来听您的课！"

第三部分

心灵气场：活出生命的光芒

我的年龄、形象和阅历看似是一种短板，同时也可以成为我独特的优势。我更适合给年龄大些、阅历丰富的领导和大客户讲课，因为他们会觉得我这样的老师有深度，和我有对话感。所以，做礼仪讲师那两年，我走了很多中央直属机关、大型上市公司的讲台，清华、北大、南开的总裁班都经常邀请我，我还曾经为 20 多位将军讲过礼仪课。政审的时候，负责选老师的领导看到我的资料照片时说："这位老师看上去很大气，就请她吧！"

其实刚开始我是同行里最自卑的那一个，但在我发挥出自己的独特优势之后，我就成了同行最羡慕的人——我的课时费几乎是她们的两三倍。我最初的短板也成了很多同行无法企及的长板。我想用自己的故事告诉大家：一个人的优点和缺点并不是绝对的，放到合适的环境中，缺点也能变成优点，发挥出应有的甚至是意想不到的价值。

每当命运把我逼入人生低谷期时，环境转念法总能让我放下沮丧，保持正能量，最终顺利转型，并获得质的飞跃。很多人觉得这听起来像是忽悠，有种不真实的感觉。善用环境转念法，我们就能不断地突破自己，甚至是创造出更高的价值。

我不满足于只做礼仪讲师，后来又继续学习了心理学，我专门学习了婚姻情感的课程，打算转型成婚姻情感导师，希望可以帮助更多的家庭。可是学成后，却没有平台愿意跟我签约，因为觉得我的形象没有亲和力，看上去实在不像是温柔耐心的、能讲家长里短的婚姻情感老师。这件事又让我感到受挫了。不过痛苦了一段时间之后，我对自己说："我就不信邪！做讲师用学问帮助别人，还有什么固定标准？你们说这是我的短板，你们说我和你们不一样，我就要把这些短板做成最大的长板给你们看！"

然后，就有了今天的气场课程！我被平台拒之门外，无法成为中国市场上千分之一的婚姻情感讲师，我就成为全国第一门气场课程的创始人。后来每当有人问我是怎样的契机让我开创了气场课程时，我都自嘲说是自学成才。

每个人都有自己独特的价值，如果你暂时没有发挥出来，那就换个思路、换个环境去看看、去想想。**你今天所谓的短板，有可能就是你最大的特点，只要环境合适，它就能够发挥出无可取代的价值。**就像现在的优秀排球运动员朱婷，从小因为个子太高而被人嘲笑，出去打工被嫌弃太高；去打篮球，又长得太单薄；去练皮划艇，教练嫌她腿太长太碍事。真是放哪儿都不行，直到她去打排球，遇见了郎平教练，朱婷的身高一下子就找到了合适的位置，发挥出了应有的价值。

有一位禅师问他的弟子："黄金和泥巴哪个更有价值？"
弟子们纷纷说："当然是黄金了，人人都想要黄金，哪有人想要泥巴。"
禅师又说："对于种子而言呢？"

是呀，对于一粒种子而言，泥巴才是它需要的，才更有价值。所以你还在妄自菲薄地说自己这不行那不好吗？你还在发愁自己不

符合别人的标准吗?那就运用今天所学的环境转念法,告诉自己以下几句话:

- 在什么环境下,我这个缺点能变成优点?
- 天生我材必有用,这里不行,我就给自己换个环境!
- 每个人都有自己独一无二的价值,我不必和别人一样!

做作业啦

你认为自己有什么短板吗?可以列出来,然后用环境转念法重新定义自己的价值。

第 24 课

激发：挖掘意义，激发原动力

　　有些人习惯于经常抱怨，不是抱怨这个人惹自己生气，就是抱怨那件事让自己很无奈。他们习惯于把所有不顺心的事情都归咎于外因，习惯于认为是外界和他人造成了自己的不开心。这样的思维模式对个人的成长没有什么好处，时间长了，也会让周围的人感到压抑和厌烦。

　　我们可以用意义转念法来改变这种让人不快的思维模式。**人和动物最大的区别就是，人懂得追求事物的意义。**人类的大脑进化出了新脑，新脑的大脑皮层可以进行理性思考，可以总结出事物的规律、逻辑、意义，这是更高的精神追求。意义本身是看不到、摸不着的，可正是因为有了意义，所有事物给人带来的感觉、被赋予的价值就大大不同了。比如一条鱼，在动物看来就是食物；而对于人类来说，它除了能吃之外，还被赋予了"如鱼得水""鲤鱼跳龙门"等各种寓意，这是人类才具备的能力。所以，**事情本无意义，所有的意义都是人类赋予的。**再比如一把菜刀，厨师用它做饭，它就是个工具；罪犯拿它砍人，它就是凶器；可如果一位伟人曾用它闹过革命，改写了历史，那它就会被放在博物馆里接受无数人的瞻仰。

如果我们能挖掘出事情背后不同的意义，就可以转换我们对这件事产生的情绪。我小时候听黄梅戏《天仙配》，根本不懂为什么"你挑水来我浇园，夫妻恩爱苦也甜……"毕竟又是挑水又是干活的，有什么好甜的？直到后来长大后谈恋爱了才明白，爱情确实可以把苦变成甜。如果我们能够在一些负面事件中，也能找到其中的积极意义，就可以帮助我们转换对一些事情的看法，从而将负面情绪转换成满满的动力，让自己在这些负面事件中提升，甚至产生质的飞跃。

我想起了曾经看过的一个小故事：村里有头老迈的毛驴，不小心掉进一口枯井，村里人想尽办法也无法把毛驴拉上来，看着这头驴也老迈了，就决定放弃它。为了避免别的牲口也掉进去，村里人就决定把这口枯井填起来。于是他们开始用铁锹往井里倒泥土石块。井里的毛驴一开始被劈头盖脸的泥土石块砸懵了，哀号得更惨了。然而过了一会儿，驴子安静下来了，每当有泥土落在他身上，它都赶紧抖落下来将泥土踩到脚下，就这样毛驴把所有要埋葬它的泥土石块变成了自己的垫脚石，成功地出了枯井，开心地跑走了。所以生活中所遭遇的种种困难挫折，既能成为掩埋我们的"泥沙"，也能成为我们的垫脚石。只要我们能转换看待它的意义。

在现实生活中，我们如何运用意义转念法呢？我们经常看到有些职场新人频繁跳槽，不是抱怨工资太低，就是抱怨工作太辛苦，要不就会消极怠工。如果忍受不了一开始的低工资，忍受不了工作的辛苦，稍有不满就辞职走人，那未来很难有好的职业发展。一个人受不了工作的苦，可能就要体验失业的苦。我女儿刚大学毕业时，也有这样的经历。我当时就是用意义转念法帮她转换了负面情绪，让她可以调动积极性继续工作。

意义转念法最适合转换一些因果式的信念。 比如，如果你认为自己现在的痛苦情绪是老板太苛刻造成的，那这句话说出来就应该是："因为我的老板太苛刻了，所以我现在很痛苦。"这种想法会让人越想越难受，因为工作辛苦却还不得不继续做，徒增了无力感和自责情绪。我们完全可以反过来想想这件事情中蕴含的积极意义，把句子后面的负面结果换成积极结果来看一看。比如：

- 因为我的老板太苛刻，所以我这两个月学到了以前半年都学不到的东西；
- 因为我的老板太苛刻，所以我成长进步特别大，以后要换工作我就更有底气了；
- 因为我的老板太苛刻，所以我最近都累瘦了，倒是意外收获；
- 因为我的老板太苛刻，所以同一批培训的同事都辞职不干了，结果老板现在很珍惜我，愿意给我放宽条件，还给我提高了薪水，我终于可以把自己惦记好久的鞋子买回来奖励自己了；
- 因为我的老板太苛刻，所以我发现自己的抗压能力增强了，以后再换什么工作，我都能扛得住了……

这样一列举，是不是忽然觉得好像这份工作虽然辛苦，但是收获也挺大的？**做人是没有办法回避辛苦的，我们要看到辛苦背后的价值与意义。**保持这样的心态，不断学习，新人很快也能独当一面。

事情并没有改变，改变的就是我们对事情的看法。能预见到美好的未来，我们就不再沮丧，工作起来就会充满动力。当我们能够从很多负面事件中，转化出积极的意义，就会激发出我们的积极能量；当我们把焦点放在解决问题和行动上时，依然会有痛苦。这时，与其让抱怨自责消耗我们的能量，不如将痛苦转化成动力，最终我们将收获积极的成果。

这个意义转念法让我自己受益良多。有段时间我腰疼得厉害，导致工作全面停摆，情绪非常低落。我每天要么躺在床上哭，要么就是冲家人发脾气，连我自己都受不了了。后来，我就想列出腰疼给我带来的意外好处。说实话，我明明情绪很低落，却还非要去想那些积极的意义，自己当时都会觉得是胡扯。可后来我就问自己："你真的要这样颓废下去吗？你不试试怎么知道？你不相信怎么做得到？"于是我就逼着自己，从身边一点一滴的小确幸事件开始列举，最后把自己一点点从焦虑的深渊中拔出来了。我是这么转念的：

- 因为我腰疼卧床养病，所以我这个工作狂难得有了这么长的休息时间；
- 因为我腰疼卧床养病，所以我真要感恩老天用这种方式提醒我开始关注健康；
- 因为我腰疼卧床养病，所以我看了好多好长时间想看却没看的书；
- 因为我腰疼卧床养病，所以女儿一回家，就躺在床上陪我说话，我们母女俩好久都没有这么亲热了；
- ……………

我开始是愁眉苦脸地逼着自己列举一条两条，读完之后发觉心情好一些了，就继续再写几条，慢慢地我越写越多，越来越快乐了。每写一条，就像从身上卸下了一块大石头，脸上就多了一些笑容。意义转念法让我不再满腹抱怨，不再愁眉苦脸，随之而来的是我们家里的笑声增多了，洋溢出久违的温馨和幸福。最意外的惊喜是：我的事业并没有因此而停滞。得益于这段时间的读书充电，我把原来的课程做了升级。我还经常写一些感悟发到自媒体上，在学生们看来，我是一个积极乐观的老师。那一年，我的气场课程也得到了更多学员的支持。

人生就是这样，我们可能无法改变世界和他人，我们只能改变自己。而一切的改变，都要从信念开始。我们要用积极的能量去培育内心的种子，这样我们就能收到积极的成果了。

做作业啦

你的闺密找你诉苦："我老公每天就知道忙他的工作，说什么男人一定要看重事业，可是这样我天天见不着他的人，我很担心啊……"此时，你如何用意义转念法帮她转忧为喜呢？你可以到气场平台，与更多学员一起交流。

第 25 课

升级：积极心态，向上生长

我很喜欢一句话：**万物皆有裂痕，那是光透进来的地方**。每当我受挫气馁的时候，这句话总能像阳光一样温暖我的心，给我力量。

当然，也会有人觉得这都是没用的心灵鸡汤，都是自欺欺人！我并不这么认为，我们怎么看待这个世界，世界就会给我们呈现出什么模样，我们终将活出自己以为的人生。我见过不少成功人士，大部分也都是出身普通，我一直在思考，他们到底有什么不同？难道真的就是靠机遇和好命？后来我发现，真正决定人和人差距的是思维方式的不同。

我中学时期有位关系特别好的闺密，她高考考上了北京的大学，30 岁左右就创业成功，身家过亿。我最开始觉得中学时我们俩各方面的条件差不多，一定是她的命好、运气好，所以才这么成功。后来，我发现决定我们俩人生差距的其实就是思维方式的不同。

有一年她正意气风发时突然遭遇了严重车祸，几百万的豪车直接撞报废了，车上的人也都受了重伤，她的大腿被撞断了。我听说这件事后真的是又震惊又同情，心想她现在一定非常惨，肯定心情也不好。我赶到医院进病房时都小心翼翼地、面色沉重，还想如果她凄凄惨惨、哭哭啼啼的，那我该怎么安慰她。结果她看见我的第一眼，直接冲我吐吐舌头做了个"鬼脸"——她露在纱布外面的脸全部是紫黑肿胀的。都这样了，她却笑着说："你看姐们儿真是命大吧？车都报废了我们人都活着呢！你说我运气好不好？"

我都听愣了，一时间都没回过神来。我还在心里嘀咕："她是不是爱面子，在我面前故作坚强啊？"

她躺在病床上一直跟我念叨自己命好："几百万的车报废了？好事啊，几百万救了我们几条命，太值了！我的腿撞断了？那有什么关系，治呗，治好了不就行了！我也趁机休息一段时间……"

后来她出院回家后，我又去她家看她。因为她大腿上还打着钢钉，在康复期行动受限，她就用手支撑着、挪动屁股自己上下楼。她乐呵呵地说："你看看我这健身方式不错吧？可减肥了！"

后来还有一次，她发到国外的货物都被罚没了，她一连几天四处奔走，想办法解决。尽管房子都拿去银行抵押了，但是最后还是没把货物救出来，经济损失很大。她跟我说这事时，我心疼地看着她，她忽然又笑了："你知道吗？因为货物罚没这事我们公司一下在客户圈子里出名了，我就当花钱打个大广告吧！钱没了可以继续挣回来啊!"

我终于明白了,我的同情和担心其实都是多余的。相比之下,我太狭隘了,我们俩的思维根本不在一个层次上。我还在纠结眼下的鸡毛蒜皮时,她早已站在高层俯瞰人生了。在普通人看来特别倒霉的事,她都能从中发现积极的意义,用乐观的心态去对待。大概也正是因为这一点,本来条件相当的我们俩的人生才会有了这么大的差距。**一个人的思维层级决定他的人生层级。**

从心理学上来说,她有着典型的积极心态,这种心态就是一种积极向上的正能量,可以帮助很多人走向成功、拥有幸福。我经常把她的故事分享给身边的朋友,可有朋友听的时候眼睛发亮,听完了还是感叹道:"唉,人家就是天生心态好。我就不行,平时没什么事我还担忧害怕呢,更别提遇见点什么挫折了。所以,我这辈子就这样了。"千万不要这样自我放弃,因为积极的心态也是可以后天培养的。

坏消息:大脑总是"坏事优先"

我总说我妈妈有出门困难症,每次我说要带她出去玩玩,她都有各种理由拒绝:"外面人太多,可能会堵车,万一有危险,说不定会变天……"

我指着外面的大太阳说:"朗朗乾坤青天白日能有什么危险?这不明明阳光灿烂?"

我妈都会指着更远处的天跟我说："你看那边飘来一块云彩，说不定要下雨……"

我刚开始觉得她这样莫名担忧不可理喻，其实这是我们大脑的正常反应：坏比好强大。我们大脑会收到大量信息，可是处理通道却比较窄，这么多信息进入大脑就有个先来后到了，大脑的本能顺序是"坏事优先、好事靠后"，因为这是人类基因遗传下来的本能反应。为什么会这样呢？举个例子：远古时期，人们看到一棵大树上长满了美味的果子，这绝对是好事！可是忽然发现不远处竟然有只大老虎，这可是个坏事！请问此时此刻，你是先去高高兴兴地采果子吃，还是拔腿就跑别被老虎吃了？对啊，我们肯定保命要紧啊，果子再好吃也要靠后，等安全的时候再来采摘也不迟。所以，一旦有坏事威胁到我们的生存安全，人的本能反应就是不加思考撒腿就跑。经过几千年甚至是几万年的进化，这种反应已经慢慢刻入我们的基因——"坏事优先"。**坏比好强大，就是说人们对坏事的记忆更深刻、坏事的影响更深远。**比如，也许小时候有一次被坏同学欺负追着打骂，都过去几十年了现在回想起来还记忆犹新，气得浑身发抖；可是家人每天体贴照顾我们，很多细节我们却不怎么记得。虽然我们一生中遇到的好事坏事差不多一样多，可大脑就是擅长从坏体验中学习，却不善于从好体验中学习，就像花园里的杂草总是比鲜花生命力更强大。所以很多人总是习惯性陷入悲观担忧之中，处于无力和无助的状态，整个人的气场都是低落消极的。

好消息：大脑可以刻意训练

有一个著名的心理学实验——习得性无助。实验者把狗关在铁笼子里面，警铃一响，就开始给铁笼子通电，狗就会被电击，非常痛苦无助。这样的实验做了几次之后，这只狗就形成了本能反应，一听见警铃响，它就会无助地趴在笼子里面痛苦呜咽地等待被电击。后来实验人员把铁笼的门打开，只是拉响警铃但并未电击，可这条狗还是会无助地趴在笼子里痛苦呜咽。

这个实验现象就叫作习得性无助。人和动物都有这样一种心理：当遭遇了多次失败和挫折之后，容易产生悲观无助的心态，明明有条件有能力走出困境，却因为能量低迷、心态悲观而自我放弃。

心理学家发现，**我们的大脑可以有习得性无助，同样也可以有习得性幸福、习得性乐观**。我们的大脑是一个会学习的器官，它会随着体验而发生改变。假如我们多关注好事，多关注一件事情中的积极意义，反复体验，刻意练习，就可以改变我们原有的思维模式，重塑积极乐观的信念。想象一下，我们的大脑就像一个花园，如果任由它凭本能生长，我们就会发现杂草总是比鲜花的生命力更强。因此，我们对鲜花要用心养护、精心浇灌，这样才能重塑一个积极美丽的心灵花园。

每天分享三件好事,拥有积极乐观心态

什么是三件好事呢?就是每天晚上把当天的事情做个梳理,记录下自己遇到的三件好事,并分享出来。这种积极的记录可以不断加深我们大脑神经的体验,重塑积极心态,培养习得性乐观。

有人可能会说:"有好事吗?我觉得我人生中好像根本没啥好事。"如果你发现不了,那么你就更需要做这个练习了,这说明你的大脑太关注那些负面事件了。我们说的三件好事不一定要多么惊天动地,更多的是身边的小确幸——小而确定的幸福。比如,你可以记录:

- 老公悄悄给我买了一个自拍的移动云台,其实就是前天我多说了一句,没想到他记在心里了。
- 今天儿子从幼儿园回来,竟然给我带了一颗糖回来,他说有好东西一定要留给妈妈一起分享,我感觉好幸福。
- 当然,在负面事件中也能发现积极意义的:早上迟到被领导批评,确实觉得很难为情。中午吃饭的时候,办公室的小林给我分了两块她在家里烧好的带鱼,安慰我让我别放心上,我心情好多了。

记录三件好事有以下五个要素。

1. 当天发生的真实事件

很多人开始可能真的会感觉没什么事好记的,那是因为我们忽

略了很多小确幸。仔细感受一下，很多小事中都蕴藏着真实的幸福，就看你能否感受得到了。每天记录一些具体而细微的事情，你会逐渐发现原来每天身边会发生那么多好事，也许你很快就会嫌每天只记录三件太少了。

2. 这件事给我带来的感受

事情本无意义，所有的意义都是人赋予的。如果只记录事件本身，那就是流水账，重要的是要表达一下你在其中感受到的意义。对这些好的感受的详细记录，会让你的大脑神经获得积极能量的充分滋养。

3. 为什么我会遇见这样的好事

这个步骤是自我肯定，会让我们明白自己有什么样的优点，以后可以继续强化提升。当我们发现自己有这么多优点时，我们就会更积极地做出改变。比如，你明白对儿子的日常教育起了作用，你就是最直接的受益者。那么接下来你一定会继续对儿子进行爱的教育了。

4. 分享出去，把幸福放大

好多朋友想拒绝这个步骤，因为他们觉得不要晒幸福，这点小事不值得，也不好意思让别人看到。做不同的事，改变才会真的发生。正因为我们原来疏忽了这些真实的幸福，正因为我们认为家人对我们的爱不值得或者不好意思让别人知道，我们的幸福感才会越来越少。每天分享三件好事，会让你的家人看到，明白原来他们这样做就让你感受到了幸福，明白了他们在你心目中的位置，相当于变相的爱的表白，这只会让你们的家庭关系更和谐幸福。每天分享三件好事，会让你的朋友们对你有更深入的了解，发现你是一个积极向上、充满爱的人。谁不喜欢和这样的人交朋友呢？当有朋友给你点赞、给你反馈时，可以增加你的影响力。

三件好事这个实验全世界很多地方都在推广，我们气场班也做过很多次训练营。我发现大家都特别喜欢这个练习，容易操作，好落地。每天大家都在群里分享自己的好事，观看别人的好事，对爱的感受力就越来越强。就算有人心情不好，看到大家的分享也会有所启发，感到温暖，我们就会形成一个同频共振的积极能量场。

5. 持续分享，获得积极心态

大脑网络的重塑需要一定的时间，所以三件好事的分享至少要持续三个月以上。每个月可以做个总结复盘，慢慢地你会发现这种积极乐观的思维方式成了你的本能反应。你总能关注和感受到身边的小确幸，遇到挫折失败也总能找到其中积极的意义。当你的思维升级了，你的人生也会跟着升级。

曾有一位朋友给我反馈说："如果不是做这个练习，我对自己的婚姻生活都麻木了，什么情啊爱啊的都已经无所谓了。可做了三件好事的练习后，我又感觉我老公对我还是很体贴的，每次我心里都感到甜甜的，但是以前我怎么就没感觉呢？"这样的练习可以增强我们对生活细节的感受力，捕捉到更多细小的温暖和美好。我们气场班的很多学员就是因为这个训练，生活发生了巨大的变化。

做作业啦

今天就开始记录和分享你的三件好事吧，请牢记三件好事的五要素。

第 26 课

解压： 自我情绪管理

　　我认识的一位姑娘患双相情感障碍已经十多年了。她父母对她的管束一直很严厉，总是喜欢指责批评她，刚开始她就忍着，什么都憋在心里不说，默默地把自己关进房间，心情低落，之后就出现了抑郁状况。后来，她忍到忍无可忍时会忽然爆发，表现出了躁狂状态，大吼大叫，乱砸东西，于是就被送进医院治疗……长时间的吃药治疗让她体型发胖。如今她已经 30 多岁了，依旧单身，和父母住在一起。她的父母小心翼翼地守着她，就像守着一颗定时炸弹，一家人都很痛苦。

　　她跟我说："我脾气好时，他们就各种管我，我实在忍不了就会大发脾气，他们就要拉我去医院治病！我真的想控制住自己的情绪，可脾气真的会忍不住要爆发！"

　　我理解地点点头，然后问她："古代大禹治水是靠堵吗？"
　　她想了想说："不是，是靠疏通。"

第三部分

心灵气场：活出生命的光芒

情绪就像我们生命中奔腾不息的河流，当河道通畅时，它就能成为我们人生的丰沛动力。负面情绪爆发的时候就像洪水肆虐，如果你只想堵、忍或者压制、忽视，最后只会让它泛滥成灾。因此，我们要像大禹治水一样，给这些"洪水"找到泄洪渠道，将负能量引流、转化，把伤害降到最低，甚至还可能转化为对我们有用的动力。

亚里士多德说："任何人都会生气，这很简单。但选择正确的对象，把握正确的程度，在正确的时间，出于正确的目的，通过正确的方式生气，这不简单。" 对负面情绪的释放管理，很多人的方式是无效的。

第一种：隐忍。 忍是心头一把刀，忍的结果就是要么把自己的心伤透，要么忍无可忍，拔刀伤人。很多人说"隐忍"不是一种成熟的表现吗？这是对"隐忍"的片面理解。

成熟的"隐忍"表现为行为上的克制，内心能够真正地接纳和释然：我不跟你们一般见识，所以不会睚眦必报、锱铢必较，我内心能看得开、放得下。这些负面能量在心头郁结，要么会让你郁郁寡欢、情绪低落，身体也会逐渐出现问题；要么可能导致你忍无可忍，胡乱宣泄。因此，隐忍不能解决任何实质性问题，只能消磨掉你直面问题的勇气，放弃了探索其他解决问题的可能性。

第二种：发泄。 有些人说：我可不能忍，我要不开心，大家都不能开心。这种缺乏理智的胡乱发泄就像失控的汽车，损人不利己。

没有人喜欢和一个情绪不稳定的人待在一起。最重要的是，胡乱发泄不仅不能解决问题，还会让情况更加糟糕。

第三种：逃避。 很多男性对家庭矛盾总是采取逃避的态度，不仅问题永远得不到解决，还会让自己变得很抑郁。有一位我认识的男士是一个机关干部，平时话很少，看上去总是神色疲惫，整个人显得暮气沉沉的。后来我才知道他和他的妻子常年感情不和，可他又因为面子问题不愿意离婚。他觉得自己的妻子见识浅薄，爱无理取闹，所以无论妻子怎么闹腾，他都装聋作哑，避而不谈。平时，他要么躲到单位加班，要么找理由外出。可长时间的压抑让他的身体出了问题，付出了健康的代价。

实际上，我们有办法改变这种状态。如果你感觉自己有负面情绪了，一定要先接纳这种情绪。你要允许自己有负面情绪，不要进行无谓的自我对抗："我怎么可以这样？我一定要坚强！我不能让人知道我不行！"一个人内心对自己太过苛求，又达不到完美，就会多一份自责，甚至还会加重无力感。

先给自己下一个订单："我现在心情低落，不想见人、不想说话，只想一个人待着静一静，我接受自己这样不够好的状态，我允许自己有三天时间是这样的。"提前跟家人朋友打好招呼，请他们不要打扰你，你保证三天后会回归，然后用自己的方式去休整。如果三天后，你发现自己还是很颓丧，那就主动采取干预措施，比如和朋友出去看电影、出去跑步什么的。接纳和允许一定要有限度，不能肆意摆烂、无条件地颓废下去，提前跟自己内心做好约定并遵守约定非常重要。我们可以采用以下的干预方法。

第一招：释放法。负面情绪像洪水，你要把它疏通到其他地方去释放。但前提是不能伤己伤人，要采取有益身心的方式安全地释放。比如，跑到开阔的海边或旷野里痛痛快快地哭一场，或者在自己房间里抱着枕头或绒毛玩具使劲摔打，或者到健身房骑动感单车，跟着音乐大声嘶喊；自己到 KTV 开个房间又唱又跳，甚至在音乐声的掩盖之下把所有想说的话都说出来，多难听的骂人话也可以吼出来……只要不伤人伤己，你就要把积压的负面情绪尽情地释放出来。

第二招：运动法。人在运动的时候，体内分泌的多巴胺增多，会让人感觉兴奋愉快。所以，一个人心情低落的时候，他的能量也像一潭死水，要唤起内在的能量，更好的方式就是运动，比如跑步、爬山、跳操、打拳，甚至是做家务。把自己累得满身大汗，再洗个澡，你就能焕然一新，不仅身累心不累，还能减肥健身，真的会让你的压力得到释放、内心变得舒展。

第三招：转换法。转移你的注意力，或者换个环境。两个人在家里吵架，会让家里都充满负能量，你会看啥都不顺眼。这个时候，你要换换环境，出去散散步、逛逛街，或者去购物、约人喝茶，做点不一样的事来转移注意力。告诉自己："生活很难事事如意，我可不能对不起自己。"有人说"除了生死，都是小事"，别在负能量上钻牛角尖。转换心情之后，你或许就有新的解决办法了。

第四招：欢乐法。去游乐场、听相声、看喜剧，让自己笑起来，因为行为也会带来内心体验，促使情绪发生改变。国外有种大笑俱乐部是做情绪疗愈的，所有人进来之后要没来由地笑。刚开始他可能是皮笑肉不笑、强颜欢笑，可慢慢地就与这个场域的欢乐气场同频共振了，笑着笑着就真的开怀大笑了。此时，身体内会分泌出更多的多巴胺，整个人就会变得轻盈愉悦。笑真的可以治愈身心，人们说"笑一笑十年少"，是有道理的。

第五招：静修法。 冥想、打坐、站桩，不管是哪种方式，都能让自己的身心静下来、慢下来。当我们可以专注于自己的内心，沉浸在自己的身体、呼吸里去，就可以缓解紧张、压力和焦虑的心境，可以暂时隔绝周围的纷乱以及使我们感受到压力的环境。研究发现，冥想可以增加更多的脑灰质。脑灰质会带来更多的积极情绪，更持久的情绪稳定状态，以及更高的专注力。这是非常好的疗愈方式，可以让我们身体的能量开始流动起来。

第六招：升华法。 负面情绪会让人自责、自卑，觉得自己不够好，或者责怪自己无能，所以需要提升自己的能量。升华法就是去做些有意义的事情，比如觉得自己很失败的时候，可以去做公益活动帮助弱势群体。在这个助人的过程中，你会发现原来很多人都活得不易，还能活得如此坚强，自己的那点事根本不算什么；同时，当你能真的帮助到别人的时候，你就会产生被需要的价值感，有助于你自我接纳和自我肯定。

第七招：转念法。 由于情绪往往伴随着一些人或事的出现，所以人们往往认为情绪和外在的人和事有关。其实，外来的人和事物都只是诱因，我们内在的信念才是情绪的决定因素。

心理学中有个情绪 ABC 理论：A 是诱发事件，B 是个人信念，C 是情绪行为结果。我们一般会认为是 A 这个事件，导致了 C 情绪行为结果。比如，民间就有个这样的故事：一位老婆婆天天坐在那里哭，大家问她为什么哭，她说大女儿卖伞，天晴时伞就卖不出去，所以她为大女儿哭；二女儿卖布鞋，下雨了步鞋就卖不动，她就为二女儿哭，所以不管天晴下雨她都伤心。大家就说："你为什么不换个想法呢？天晴了步鞋卖得好，下雨了伞就卖得多，这不都是高兴事吗？"老婆婆一听，觉得有道理！从此，哭婆就变成了笑婆。婆婆是哭还是笑，天晴还是下雨都不是问题，重点是婆婆怎么看待这个问题。情绪是每个人的信念与外界的人、事物共同作用的产物，改变一个人的信念，就可以改变事情带给他的情绪。

学好情绪管理不是为了让自己变得"没情绪"。如果一个人总是一张扑克脸喜怒不形于色，对什么事都麻木不仁，那该多可怕。我们要的是情绪的自然流动和真诚的表达，同时做好情绪管理，保持情绪相对稳定。**每当我们对一些人或事产生情绪的时候，我们可以这样的思考：**

- 这是什么样的情绪？
- 为什么我会对这件事有这样的情绪？
- 我在这种情绪中有什么行为？
- 如果我没有这个情绪，我会怎样处理这件事？

这样的思考和总结，记录得越详细越好。坚持一段时间，你对情绪的自我觉察能力、识别能力以及应对能力都会大幅度提高。

生活依然会给我们出很多难题，我们依然会有对这些难题的情绪反应。我们对于情绪的觉察和管理会有以下四个成长阶段。

第一阶段：不知不觉。 遇事一点就着，情绪失控，但是不知道为什么会有这么大的情绪，根源是什么，情绪是怎么来的，又是怎么走的。对这些既没有觉察，也没有反思。这是对情绪缺乏认知的盲目阶段。

第二阶段：后知后觉。 遇事还是会发脾气，可是发完脾气后会有觉察，会总结反思，考虑下次再遇到类似的问题自己要怎样做。这表明你开始成长了。这是学习后开始进入的阶段，并会是一个比较长的实修阶段。

第三阶段：当知当觉。 情绪一上来马上就有觉察，可以对自己叫停，能够跳出情绪，冷静下来理智思考。这已经是很高的修为了，这是高手阶段。

第四阶段：先知先觉。 对很多事已经有了洞察力，可以预判自己可能会产生的不良情绪，所以能提前叫停或者转化，这样的人就不会被情绪所左右了。当我们真正成为情绪的主人时，就达到了梦寐以求的智慧阶段。

第三部分

心灵气场： 活出生命的光芒

> **做作业啦**

可以分享一个曾引发了你负面情绪的小故事，回顾你当初是如何处理自己的负面情绪的？是否有效？产生了哪些后果？如果同一件事再让你去处理，那么你打算采取什么有效的方式呢？

第 27 课

共情：有效处理他人的情绪

有一次，我去参加一个课程，其中一个环节是大家轮流分享自己的故事。有一位三十多岁的男士，皱着眉头一脸心事。他是创业成功的互联网精英，在业界小有名气。可是他却说有件事让他特别苦恼：他妻子得了严重的抑郁症，已经有四五年时间了。他对这件事情不是感到忧虑，而是有些愤怒。

他说："我早已经给她找了最好的医生，做好最先进的治疗方案，可是她就是不配合治疗，每天就是拉着一张脸，要么哭哭啼啼，要么就是不停抱怨我为什么不多陪陪她。有病就去治啊！我觉得她就是故意不配合的！我真的很烦，创业这么难的事我都能够做得成，就她抑郁症那点小病，为什么我就管不了？"

听到他这么说，我真的有点愤怒，替他的妻子感到难过。他的妻子是人不是机器，她需要的不是先进的治疗方案，而是丈夫爱的陪伴。然而，这位男士的世界里估计只有非黑即白的对错，以及横平竖直的道理，他对妻子的情绪感受完全是麻木的，和这样的人生活在一起很容易抑郁。当然，这位丈夫自己的日子也不会太好过，也许在成长过程中他的情绪感受被压抑了，所以才形成了他现在的麻木和冷漠的性格。

我们都希望自己是个高情商的人，而高情商的标准是既要能辨识和管理好自己的情绪，还能共情和处理他人的情绪，这样才会有和谐的人际关系。这位男士显然无法共情到妻子的情绪。

很多女性为什么要拼命地吵、拼命地闹？那是因为她想表达：我想让你改变，我想让我们更好，我想让你爱我，是因为我想更好地爱你。可是当这种爱的需求被忽视，无法得到满足时，她就会有更强烈的负面情绪和行为表现，变成河东狮吼的负能量包。

如果一个人能够与他人共情并能处理他人的情绪，那就是最受人欢迎的情商达人。生活中我们常见到几种"伪情商"的处理他人情绪的方式，看似"正确"，其实无效甚至后患无穷。

无效的第一招：交换。我给你一样东西，让你暂时把情绪放下，然后会产生一些短期的效果，可是一旦没有了交换价值，同样的情绪还会出现。例如，妈妈正在忙，孩子哭着闹情绪，妈妈就说："别哭了，妈妈给你拿个巧克力。"孩子得到了巧克力就不哭了，可巧克力吃完了他又开始哭了，因为巧克力只是个交换条件，他要哭的那件事并没有得到解决。所以，交换只有短期效果，治得了一时，治不了一世。如果妈妈总是用这种交换的方式来处理孩子的情绪，慢慢孩子就会形成了一种认知："哭闹就可以换来想要的东西。"他就会经常哭闹，而且要的东西也会不断加码。更重要的是这个孩子会认为妈妈并不关心他的感受，妈妈不理解他，他只会在物质上不断索取，却会在心理上和妈妈疏远。

无效的第二招：否定。把情绪看作不好的东西，不敢表达情绪，结果造成情绪压抑。比如，一个孩子因为玩具摔坏了伤心哭泣，这是很正常的情绪流露，而他爸爸竟然教训他："不许哭，男儿有泪不轻弹，叽叽歪歪的像个什么样子！"孩子就会觉得哭是一件羞耻的事情，表达情绪是不应该的，久而久之就会压抑自己的情绪。长大后，他可能就会变成情感麻木的"钢铁侠"。

我认识的一位大姐每天都在朋友圈里发很多积极阳光的励志的话，还经常晒她的幸福家庭。可是，天有不测风云，没想到后来她竟然遭到了丧夫之痛。在她痛彻心扉之时，她身边有的朋友劝她："别哭了，别哭了，要坚强！这么多人都说你很阳光，都看着你呢！"她觉得朋友说得有理，自己确实"不应该这么脆弱"，所以就在人前强颜欢笑，努力保持坚强的模样，夜深人静时则自己悲伤落泪。结果，时间一长她就开始大把大把地掉头发，整夜失眠，一检查才知道是肝气郁结，于是又吃了很多中药调理。其实，人有七情六欲，遇到不幸的事悲伤是很正常的反应，要允许这种情绪自然释放。它会随着时间的推移而逐渐消失，千万不要否定和压抑。

无效的第三招：冷漠。有个女孩读中学时住校，她很不适应，就天天给妈妈打电话哭闹着要求妈妈接她回家。她妈妈总是态度坚决地说："不行，想都不要想。"女儿周末回家要跟妈妈谈谈，妈妈也总是回避："有什么好说的，赶紧睡觉去，明天早上还要早起！"女儿痛苦地直撞墙，可妈妈却说："不用理她，小孩子懂什么？越理她事越多！"结果，她女儿回学校就跳楼了，所幸楼不高没出人命。这个教训实在是太惨痛了。孩子的要求未必合理，但是孩子的情绪需要被看见。如果父母不懂得与孩子共情，也没有有效的处理方法，只是一味地冷漠对待，那就会造成很多悲剧。

夫妻之间的冷暴力也是杀人不见血的刀。如果妻子想跟丈夫倾诉沟通，丈夫却板着一张脸没啥反应，跟他说什么都像没听见或者偶尔嗯一声，慢慢地就会让两个人的心越来越远。冷暴力要么让妻子也变得冷漠麻木，要么就把她逼成怨妇。

无效的第四招：说教。 当对方陷入情绪中的时候，是没有办法进行理性思考的。可有些人不管三七二十一，上来就是讲一通大道理。不管别人内心什么滋味，只管自己说得对。情绪上头的时候，人是听不进大道理的。记得我姐姐大学毕业后分配到南京工作，我妈妈去看她回来后，一见到我爸爸就开始落泪，说女儿太不容易了，想让她回来工作。我爸爸一听就火了，不顾我妈舟车劳顿的辛苦和心疼女儿的伤心，责备她矫情、没见识。把我妈气得当场放声大哭，俩人大吵一架，冷战了一个多月。其实我妈妈也是个很理性的人，她也就是想跟我爸爸表达一下自己的心情，可我爸爸就是最典型的钢铁直男，他的脑子里只有非黑即白、非对即错的二元世界，很难与人共情。这样不仅经常伤到别人，也常使自己处于愤怒之中。

我们该如何与人共情，并有效地处理他人的情绪呢？曾有一位心理学老师跟我分享了他的亲身经历，可以很好地说明什么是有效的共情。有一个周末，他带着自己四岁的小女儿到商场里玩，小孩非要吃冰激凌，可是她感冒刚好还有点咳嗽，肯定是不能给她吃的。结果，孩子就直接躺在柜台前面哭着不肯走。碰到这种情况，如果你是这位爸爸，你会怎么办？可能有的家长哄一哄，有的家长会讲道理，有急性子的直接噼里啪啦揍一顿再拉回家。不过，这样做既不解决问题，可能还会造成一些不良后果。这位智慧的爸爸采用共情的策略，非常有效地解决了问题。

第一步：接纳。 当时，他往女儿身边一蹲，平静地说："爸爸没有让你吃冰激凌，所以你很伤心，是吗？"他把孩子当下的情绪说出来，只是如实地表达，不评判不否定，这就是对孩子情绪的充分接纳。女儿就哭着点了点头。

他又说："这么好吃的冰激凌，爸爸竟然不舍得给你买，所以你觉得爸爸不爱你了，你很委屈，是吗？"孩子就一边点头一边哭。他很耐心地继续说出她当下的情绪："你是不是挺生爸爸的气啊？"他就是用这种平静的状态向孩子表明态度：我看到了你当下的情绪，我在这里陪着你。

为什么要这么做呢？因为孩子很小，说不出自己的情绪感受，爸爸在这个过程中如实告知，就让孩子跟自己当下的情绪有了联结。情绪一旦被看见，能量就开始流动了。

第二步：分享。他接着说："看到你这样，爸爸很心疼。我小时候也干过这种事，那个时候我要吃糖，你奶奶不让我吃，我就在柜台那里撒泼打滚。当时我就觉得，只要我继续闹下去，你奶奶就会给我买，但是没想到我把衣服都蹭破了，旁边围了好多人，后来你猜怎么着……"他慢条斯理地在跟女儿分享他自己的感受和故事，女儿听得忘了哭。

这一步是跟对方分享自己的情绪感受，再分享这个事情的内容，这样就跟对方有了更多的共情。

第三步：肯定。他看到女儿停止了哭泣，就知道孩子的情绪已经平稳了，就开始给她肯定了："我觉得宝贝真的比爸爸当年更懂事，你现在就已经不哭了。你愿意听爸爸给你讲这些故事，是吗？"女儿很认真地点头，开始坐起来了。因为及时的肯定会让对方觉得受到了尊重，会给对方增加力量。

第四步：策划。爸爸摸着女儿的头说："妈妈在家里给我们做好晚饭了，刚才发照片过来我看到大虾了。不过没关系，只要你还想在这里哭，爸爸就一直在这陪着你。"这一步就是策划，即告知对方前方有美味大餐，我们可以换个场地了。同时还是表达尊重：随你意愿，你想哭就接着哭，我可以陪着你，但是不会惯着你，冰激凌就是不会买。

他女儿听到这里，立刻从地上爬起来就往外走："哼，我才不要让你看我哭！"

他笑眯眯地跟在女儿身后,孩子的负面情绪得到了有效处理,事情也完美地解决了。

做作业啦

当你的朋友或家人遇到烦心事的时候,你怎么与他(她)共情,并有效处理他(她)的负面情绪呢?借鉴今天所学的四个步骤,一定会有不错的效果。

第 28 课

自信：坦然做自己

我在气场学员中曾做过一个调研："你想拥有什么样的人生状态？"我给大家列出了几十个选项，结果高居榜首的是"自信"。相当一部分人都说自信的人才会气场强大，自信的人才更容易成功。那到底什么才是真正的自信呢？

女作家亦舒曾经写过一段话："真正有气质的淑女，从不炫耀她所拥有的一切，她不告诉人她读过什么书，去过什么地方，有多少件衣服，买过什么珠宝，因为她没有自卑感。"

这段话里描述的状态更能体现**真正的自信——不炫耀，不张扬，坦然做自己。**

是的，以往会有人有种误区，认为那些趾高气扬、耀武扬威的人就是自信的，其实越是炫耀或强调什么，越是说明他的内在有缺憾。依赖外在的东西给自己撑面子的人，内在对自己是不接受的，内心严重的匮乏感无法填补,只好靠外在浮夸的炫耀来饮鸩止渴。

武侠电影里常有这样的桥段:学艺不精的少侠往往神色倨傲,举止张扬,动不动就拿着宝剑往桌子上一拍,恨不得告诉所有人"看!我会功夫,我很厉害!"可一旦来了强敌,他往往变得不堪一击,真正退敌的往往是角落里不起眼的老乞丐,随手拿根筷子或飞个树叶,就把强敌给打退了。这类大侠的功夫已经化作自己的气场,成为其骨子里的本能,无需外在的招式,所以也无须炫耀,平时就坦然做自己就好了,这才是真正的自信。

真正的自信不会刻意炫耀,也不会显得卑微。 中国的传统文化强调做人要谦虚低调,以至于我本来有八分,只说五分,甚至故意降低到三分,担心说多了会让别人眼红,或者被人说是故意炫耀。我的气场班有位男学员,他儿子取得了帝国理工和香港中文大学两所名校的通知书,我听说后兴奋地连连祝贺,他却赶紧告诉我"低调低调"。他说前几天他在自己的亲友群里发了这个消息,以为会得到亲朋好友的祝贺,没想到收获的祝贺声寥寥,平时特别喜欢在群里互动的人反而都没发声。这让他感到很尴尬,感觉自己太嘚瑟了。

我问:"你儿子考上名校这事是真的吗?"
他说"当然,千真万确!"
我又问:"公布这样的消息违法不?"
他笑起来:"当然合理合法,可是……"
我说:"千真万确,合理合法,那有什么不能公布的呢?你坦然做自己,别人怎么看那是他们自己的事。"

是的，同样一件事，不同的人有不同的看法，对于那些自我价值低的人来说，但凡看到比他好的人和事，他都会认为对方是嘚瑟、是炫耀，因为对方的好映射出他的无能和无力，自己达不到就恨不得把对方也拉下马。对于这样的人，你想迁就也迁就不过来，不如坦然地做自己。

如果你非要有八分却只显出三分、五分，其实也是你的自卑心的体现：不相信自己有资格配得这么好的事；另外，也体现了你的傲慢心：你以为所有听到的人都接受不了你比他好吗？遇到了这么好的事情，你还遮遮掩掩不欣然接受，以后可能就得不到了。所以，坦然地做自己，欣然接受美好的结果，全然接受不完美的自己，这才是真正的自信。

自信的秘密

自信是怎么来的？如果之前不够自信，该如何获得呢？我女儿经历的三个阶段给我补上这一课。

第一阶段是她两岁左右，我上班时会把她送到我父母家。我父母住在一个单位家属院里，整个大院里的人相互都认识，大院里小孩少，我女儿就成了大院里的宝贝，每天东家吃饭西家玩耍，很受宠。有一天我下班回家，看见她从邻居家抱着大苹果兴冲冲地出来，我就忍不住说她："你天天跑人家家里又吃又玩，不怕人家烦你吗？"女儿瞪大天真的眼睛看着我，非常骄傲地说："我是公主，所有人都喜欢我！"那一刻，我忽然发现在爱中长大的孩子就是最自信的，我之所以会怕别人烦，是我内心的自卑在作怪。我小时候是个丑丫头，家人和亲戚经常逗我说我是从垃圾箱里捡来的。那时候家家都不富裕，小孩子要是总跑邻居家玩确实会给人家添麻烦，所以我爸妈总会教育我们：不要总去邻居家讨人嫌。这些经历让我内心有挥之不去的自卑，总觉得没人喜欢我，到哪里都会招人烦。以至于我一直长大成人都无法克服这种自卑感，会故意高昂着头冷着脸疏离人群，显得自己很清高。其实这样做都是为了保护我脆弱和孤独的内心。可是我女儿天真而坚定的回答让我发现，一个孩子生来只要不缺爱，她的自信就是自然具足的。她坦然地接受身边的人给她的爱，并快乐地回馈着爱，她非常相信自己值得被爱。

第二阶段是女儿到了青春期忽然变得很自卑，走路低头含胸，大热天也穿着深色长衣长裤。原来她觉得自己太胖了，腿太粗，不符合现代的审美。她有次不服气地问班里的男同学："如果一个是整容整坏的网红脸，一个是我这种天然的脸，你们会追哪一个？"那帮男孩子也够损，直接告诉她："那我们也追网红脸。"这样的负面评价听多了，女儿就失去了自信，虽然我经常告诉她，她长得很健康很可爱，她也打不起精神来。她经常愁眉苦脸地问我："我是不是太胖了？"这让我发现外界的否定和批评真的会消磨掉一个人的自信。

第三阶段是18岁的女儿到国外留学，第一年放暑假回来，我发现她忽然又变得自信了。她走起路来昂首挺胸，目光明亮，表情喜悦、轻松，穿着短裙到处跑。每天还在镜子前哼着歌问我："妈妈，我是不是很漂亮啊？"

我忍不住好奇地问她："你现在为什么不再问我你胖不胖，而是换成问我你美不美了？"她头一仰自信地说："我就是很美啊！我到美国后，那里的同学都夸我美，说我有东方人的脸，还有西方人的健康身材。他们都夸我身材健康天然，是上天的恩赐！"

你看，人还是那个人，身材还是那个身材，可就是因为收到了周围人的赞美和肯定，她就摆脱了自卑的阴影，开始坦然自信地做自己。这就更让我确信：一个人的自信源于被肯定，毁于被否定。

自信的基础是能力，肯定是转化剂

自信就是相信自己有能力在所做的事情中取得想要的价值。 这里面有三个关键词，分别是相信、能力、价值。很多人其实并不缺乏能力，只是并不相信自己可以做到，自我评估过低。

我曾有位学生是单位的工会主席，名校研究生毕业，经常要为领导准备各种资料和讲话稿，文字水平很高，日常沟通也很好。可只要让她上台讲话，她就脸红心跳腿哆嗦，不念稿子不会说。在气场课堂上做当众分享时，她坚持要带着写好的稿子上去念，她说："老师，我真的不行，我要是没稿子就不会说话，我晾在台上会很尴尬的！"

我温和地笑着继续坚持："是吗？那也是你独有的风格，我们今天就做一个晾在台上的练习吧！"她看我一直坚持，只好深吸一口气放下稿子，像"烈士就义"一样走上台开始了她的分享，刚开始她确实会脸红、腿抖、手不知往哪里放的紧张状态，我们在现场一直保持着安静，用鼓励和接纳的眼神看着她，她讲着讲着就慢慢放松下来了，表达越来越流畅自然。讲到最后一句时，她真的是满脸放光，特别激动地给我们鞠个躬说："太感谢大家了，我原来真的可以脱稿讲话！"其实，她本来就具备足够的能力，就是自己不相信自己，所以才会有心理障碍。很多人的问题不是没有能力，而是不相信自己有这个能力。怎样让一个人相信自己有能力呢？被肯定就是最关键、最有效的转化剂。

自力更生建立自信

一个人自信的产生有五个步骤：感觉、尝试、经验、能力、被肯定。 首先是我们要对一件事有感觉。比如，你看到气场这两个字就感觉心动、想拥有这种状态，然后就找相关的资料或者课程尝试学习。你学到的方法和技能会积累成经验，经验逐渐转化为能力。当你做事有能力时，就会收到外界的反馈和肯定。被肯定的次数多了，你就会越来越相信自己有能力在所做的事情上获得想要的价值。

比如，你学习了气场课程，人变美了，情绪稳定，总是面带笑容了，面对客户公众讲话时也落落大方、条理清晰，大家都感觉到你的变化，有人说："哎呀，怎么一段时间不见，你变漂亮了？"领导说:"××,客户对你的业务能力评价很高!我们都很看好你啊,加油!"在家里老公看你的眼神变了,周末下班竟然给你买了束花;孩子更喜欢和你说悄悄话,还夸妈妈脾气变好了……当你收到这么多外界的肯定,你就会清晰地看到自己的成长,你也相信自己真的不一样了。内心相信了,光彩就会向外散发,让你像花儿一样尽情绽放,自信飞扬!

有研究表明,一个人至少要经过 5000 次以上的被肯定才能建立自信,包括他人的肯定和自我肯定。按这个标准,估计有不少朋友都摇摇头觉得自己没有达标。确实,我们的传统文化更讲究谦虚谨慎,对外称自己的家人是贱内、糟糠、犬子、小儿,就算是我们这些在新时代长大的人,小时候大多都会活在"别人家的孩子"的阴影中。家长给我们的批评否定远比认可肯定多得多。既然先天不足,那就自力更生。**我们可以用有效的方法来让自己建立自信:(1)多制造机会去做事;(2)善用资源把事做成;(3)对做成的事及时肯定。**

我之前想学习站桩,但是刚开始我也不相信自己可以做到,因为站桩一个动作保持不动实在太枯燥了。我是个很难静心守神的人,站在那里也是心猿意马,我之前做运动也多是三天打鱼两天晒网。可见,我们一般在做事之前都会给自己泄气,因为不相信自己会做到。

既然我下定决心要学习站桩,那么我就开始了第一步:制造机会去做事。我定好目标就发到了朋友圈:"我要开始每天站桩,第一阶段 30 天，从每天 10 分钟逐渐增加到 30 分钟。我会每天打卡，请大家监督我，如果做不到，我就给公益项目捐 1000 元。"这消息一公布就引来了诸多吃瓜群众拭目以待，这下我就没有退路了。

第二步：善用资源把事做成。我学习站桩时会感到腰疼、腿疼，也总会受到外界事物的干扰，于是我就开始去搜索各种视频课程，了解站桩的要领。我也会去咨询身边的中医朋友，求助一些会站桩的朋友，借鉴他们的成功经验。慢慢地，我就找到了感觉，站桩时越来越轻松舒服，我开始享受站桩的过程。这就叫善于利用自身资源把事情做成。

第三步：对做成的事及时肯定。我每天发打卡记录，这个过程中收到了很多朋友的肯定。有人说："真没想到你能坚持这么长时间，太厉害了！"还有人说："我发现你行动力真强！"更多的肯定是反馈说我气色好了，想跟我一起站桩，等等。这一句句的肯定认可的话语就像转化剂，让我逐步建立起了自信。

这种建立自信的方法既可以用在自己身上，也可以用来帮助家人、孩子，甚至的你的员工、朋友。我就用这三个方法，既让我女儿学会了做家务，还建立了她这方面的自信。首先，我会为她创造机会做事，我在家里打扫卫生的时候，就跟三四岁的女儿说："这个家是咱们一家三口的，爸爸在做饭，妈妈在打扫卫生，那你做什么呢？要不你就帮妈妈打扫卫生吧，咱们俩一起把家里打扫得干干净净的！"孩子很爱听这样的话，因为妈妈把她当成大人一样平等对待，让她也有了家庭责任感。我发给她一个小抹布，我在前面打扫，她在后面跟着再抹一遍。当然,我并不是指望她干活,就是在制造机会让她尝试体验;在擦桌子时,我还会提醒她运用资源把事做好。比如,我会提醒她:"你看这里有一个死角,你要把它背后也擦一擦。"中间,我还会向她求助:"你能把柜门下方擦干净吗?妈妈蹲不下来,你可比妈妈厉害多了!"然后,对她做成的事及时肯定:"宝贝,你太厉害啦,你看你给妈妈帮了这么大的忙,你是妈妈的小棉袄!来,妈妈奖励个吻!"这样做既培养了孩子独立生活的能力,又增加了亲情互动,还帮孩子建立了自信,可谓一举三得!

自我肯定增加自信

自信的转化剂是肯定,包含他人的肯定和自我肯定。他人的肯定不可控,而自我肯定则是可以自给自足的。那么,怎样做到自我肯定呢?

你可以每天写三条自我肯定的事,连续做一个月或者更久。一定要很认真地写下来发到朋友圈,让别人看到你对自我的肯定,这也是一种突破自卑、接纳自己的表现。想一想,如果你做了什么都不好意思说出来,别人怎么对你表达肯定呢?更重要的是:你对自己的态度决定别人对你的态度。所以,你只有大大方方地晒出自我肯定,才能收到更多的他人肯定,你的自信基数就会倍增。

自我肯定怎样写呢?我们不需要刻意去建立什么丰功伟绩,只需要记录自己每天的小事,感受生活中细微的爱和幸福,肯定自己的进步。我有一位女学员,每天晚上把自我肯定发到朋友圈:"我有千千万万个优点,今天先告诉你三条:(1)今天早上我化了淡妆,美美地去上班,我懂得爱自己了,真好!(2)上午公司例会,我代表部门发言,这次没紧张,讲得很流畅,大家都给我鼓掌,我可以做公众演讲了,真棒!(3)晚上我跟着视频学做了一道宫保鸡丁,虽然卖相不好,但味道还不错,老公和孩子都吃得很高兴,我是个有潜力的厨娘!"她每天都会发这样的自我肯定到朋友圈,我们感受着她的幸福生活,也会和她互动点赞,会回馈给她更多的肯定,她也在这幸福的循环中变得越来越自信。我们也因为她的幸福传播而受到积极的影响,开始关注自己生活中的小幸福。你看,自信的人就是这样,自己闪闪发光,还能把周围的人照亮!

做作业啦

试着为自己写三条自我肯定,发到朋友圈接受大家的反馈。可以把截图发到作业区,感受一下自我肯定和被他人肯定之后带来的心理变化。

第 29 课

自爱：爱自己的人不委屈

> 如果你爱我
> 请你爱我之前先爱你自己
> 爱我的同时也爱着你自己
> 你若不爱你自己
> 你便无法来爱我
> 这是爱的法则
> 因为
> 你不可能给出
> 你没有的东西
>
> ——维吉尼亚·萨提亚

这几句诗节选自著名家庭治疗大师维吉尼亚·萨提亚的一首诗《如果你爱我》，让我们看到了"爱自己"的本质。她这首诗里面的几句话扭转了很多人对自爱的误区。

你若不爱你自己，你便无法来爱我

我想起了坐飞机时经常看到的安全宣传短片，短片会提醒旅客"请先给自己佩戴好氧气面罩，再帮助身边的人"。短片的主人公是母女二人，按照我们的认知，妈妈在危急时刻一定是不顾自己的安危先照顾好孩子。可残酷的现实告诉我们，如果妈妈自己没有先佩戴好氧气面罩，有可能会在照顾孩子的过程中就倒下了，最后母女俩都会受到伤害。所以，妈妈必须要先保证自己的安全，才能去保护孩子。**爱心并不能赋予你照顾他人的能力。**你若不爱你自己，你便无法来爱我，这是爱的法则。

你不可能给出你没有的东西

我 30 多岁的时候，因为和先生各自为事业奋斗，所以长期分居两地，夫妻关系非常紧张。我那个时候脾气暴躁、性格尖锐，说话就像刀子一样扎人。而女儿则上寄宿小学，一个月才回一趟家，回到家就特别想跟我撒娇。但是我会感觉很烦躁，想推开，总是找借口说："好了好了，别叽叽歪歪的，我正忙着呢，一脑门子官司。"直到有天晚上女儿哭着对我说："妈妈，你能不能抱着我？"我听了心里一酸，不但没有抱她，反而像被针扎了一样离她更远，转身给了她一个冷冷的后背，并甩过去一句："我抱你？谁抱我啊？"然后我们各自蒙着被子哭了一夜。

那个时候我心里充满了对她爸爸的怨气，觉得他没有能力让我们母女俩过上无忧无虑的生活，没有陪在身边照顾呵护我们。我自己的爱是严重匮乏的，以至于成了一个暴躁冰冷的怨妇，连对自己的女儿都无法表达爱。回想起这些事情，我心里既难受又有对女儿的愧疚，只能庆幸自己后来不断地学习和蜕变，才终于获得了今天的幸福。一个人自己缺乏爱的时候，真的是不会好好爱别人的，因为**"你不可能给出你没有的东西，若你是干涸的，我就不能被你滋养"**。

自爱不等于自私

传统认知认为，为他人付出和牺牲是美德，"爱自己"这种话是说不出口的，自爱岂不是等于自私？

现实情况又如何呢？有一位60多岁的阿姨为了照顾外孙，和女儿女婿生活在一起，时间久了就生出了不少矛盾。母女俩冷战许久，女儿实在受不了了，就请我来为她妈妈做个咨询。

这位阿姨声泪俱下地对我说："我们这代人爱孩子，愿意为孩子做牛做马，为什么孩子还是不满意？"我说："你是孩子的妈妈，不是孩子的牛马！"做父母的千万不要自降身份、自我贬低，因为卑微的姿态无法换来尊敬和爱戴。父母爱孩子的形式有很多种，父母想帮孩子，必须是身心愉悦、力所能及的。如果父母想用自我牺牲的方式让孩子产生内疚，从而获得更多的孝顺、敬爱，这不是爱，这是爱的绑架，只会让孩子备感压力。

这位女儿对我说:"我们家本来有保姆做家务,我妈来了非要把保姆辞了,她做得不好,我们也不敢提意见。她还非逼着我们按她的方式改变生活习惯,我们要是不听,她要么哭、要么闹。她动不动就说自己给我们做牛做马了,说出去好像我多不孝顺似的。我不想让她干活啊,我只让想她心情好、身体好,别闹脾气。"

我问这位阿姨:"您身体挺好的,干吗不出去转转,家务事找保姆做不就行了?"

她说:"我要是在女儿家啥都不干,那不变成白让他们养着了吗?别人会说我这当妈的太自私了!"这位阿姨让自己"做牛做马",其实是因为内心里觉得自己不值得享受被爱。她很在意外人的评价,怕别人觉得她不是具备牺牲美德的妈妈。

我回答她说:"你是妈妈,你已经把女儿养大,做了你该做的和能做的一切,你值得享受轻松的晚年生活。"

阿姨听完这句话忽然长出一口气,备感轻松:"这么说,我以后不用天天围着锅台转,可以出去玩了?"

我觉得她很可爱,忍不住哈哈大笑:"对啊,只要你好好爱自己、心情好、身体好,这就是你女儿最大的福气。"

那天咨询结束回到家,已经冷战了好久的母女俩开心地聊到了半夜,都备感释然和轻松。

第三部分

心灵气场：活出生命的光芒

生命和爱是生生不息，不断流动的爱出者爱返，才可以保持付出与收取的相对平衡。一个人如果自身的爱本就不足，还不断地向外付出，这种爱就变成了变相的索取——我希望通过付出获得你对我的关注和爱，这就变成了爱的软操控，注定会落空，最后转化为失望、委屈、抱怨。一会儿是自我卑微的受害者，一会儿是抱怨索取的操控者，两种状态交织出现，只会让身边的人避之不及，并形成恶性循环。所以，就像萨提亚在诗中说的：**请借此机会好好爱自己**。现在，我们就一起来学学如何更好地爱自己吧。

爱自己就是接受不完美的自己

"我要战胜自己！我是自己最大的敌人！"成功学经常喊这样的口号这样提倡，这其实就是典型的跟自己过不去。一个人天天跟自己的短板较劲，听起来挺励志和谦虚，可是如果每天看到自己"劣迹斑斑"，他还会爱自己吗？

所有爱的前提都是接受，接受全然的自己，包括自己的优点和不足。我有段时间和一家平台合作做短视频和直播，和团队小伙伴一起投入了大量精力去精心拍摄和制作。可努力未必能换来成功，我们用心制作的作品收获寥寥。团队伙伴建议我要做突破，我却一直找不到感觉。尤其是刚开始做直播时，每天两个小时不停地说话，我累得精疲力竭，观看量却越来越少，直播间里甚至还会出现很多低素质的人胡说八道，对我进行各种讽刺和攻击。我一开始还告诉自己要包容，要大度，可架不住每次直播都遭受否定，心里备受打击。我一直个性要强，听惯学员好评的我终于开始崩溃了，我不能接受这样不完美的自己，我不能接受别人说我的缺点，我更不能接受自己竟然不能接受这一切——要知道我可是一直告诉大家要学会全然接纳的，我自己竟然做不到！这让我对自己产生了怀疑：我是身心合一的吗？原来我什么都不是！

我就这样每天自我攻击，我非常讨厌自己。我开始失眠，忽然生出很多白发，经常在家人面前情绪失控。直到有一天我的身体出了问题，中医说我是肝气郁结、忧思太重，要长期吃中药调理。我看着一大包中药开始反思，原来人最大的痛苦就是不能全然接受自己。我在自媒体领域确实有局限和不足，可我也有擅长的领域；确实有很多人讨厌我、骂我，可也有很多朋友喜欢我、尊重我。我有自己的优势，也有自己的短板，为什么我不能接受全部的自己？为什么我非要跟自己较劲，非要在一个不适合自己的领域为难自己？或者说并不是这个平台不适合我，而是我暂时还没调整出合适的频率。

我想起卓别林的诗歌《当我真的开始爱自己》中的一段："**所有痛苦和情感的折磨，都只是提醒我，活着就不要违背自己的本心。**"于是我给自己放了个假，把所有的工作都停下来一个人跑到海南，我每天睡到自然醒，在家喝喝茶看看书，看累了就躺在沙发上睡一会儿，被微风吹醒了就出门散散步，让自己彻底躺平。这样过了好多天，我忽然发现，地球离了我依然转得很好，我不再是积极励志的气场女王。我看看镜子里的自己，素颜布衣平底鞋，确实胖了许多，确实是长相平庸的中年妇女，确实资质能力一般，确实不

第三部分

心灵气场：活出生命的光芒

太招人喜欢，可那又怎样？只要我做的事对人有帮助，哪怕帮助到的人再少，我的人生也是有意义的。我对自己说：我不完美，同时我也可以变得更好。

真正地爱自己就是可以允许自己不完美，接受自己的不完美，接受了才可以去面对、去提升，才可以遵循本心找到自己真正热爱的事，并乐在其中。

爱自己是善待自己

爱自己就是要在力所能及的范围内善待自己。在物质层面，我们要让自己享受更美好、更高品质的东西，因为高品质往往蕴含了更丰富的高能量，能滋养人的身心，让人不由自主地昂首挺胸、举止有度、气场十足。人是最贵的，你辛苦挣钱除了保障生活之外，要让自己在力所能及的范围内享受更有品质的生活，这是对自己的奖赏，也是对自己最直接的爱。

我有位女性朋友，经营着几所培训学校，绝对不缺钱，可她给自己买的每件衣服基本不超过 100 元钱。有次我和她逛商场，她看到一件淡紫色的真丝睡衣，喜欢得两眼放光，拿在手中摸了半天还是舍不得买，她自嘲说："在家穿这么好干吗？穿我老公的旧 T 恤就挺好。"我说："那件破了洞的旧 T 恤，他都不穿了，你还在穿。你要是真的买不起也就罢了，你赚那么多钱，工作那么辛苦，还不舍得给自己买件好衣服，你干吗要对自己这么苛刻？"她还是摇摇头说："真丝太娇贵，不值得！"我叹息一声："是，真丝娇贵，就是你不娇贵！"她还是笑嘻嘻地拉着我走了，对我说："我内心强大，不在意这些虚荣的物质。"

当一个女人内心觉得自己不值得、不配拥有更好的物质享受时，也是在拒绝生活的赐予，让自己活在"不配得"的辛苦中。更令人痛心的是，这位女友最后离婚了。她老公出轨了，还理直气壮地说她没有生活情趣。唉，一个在家只穿老公都不穿的旧T恤的女人，自然没什么生活情趣了。所以，当你不把自己当回事的时候，别人就更不会把你当回事了。别人对你的态度取决于你对自己的态度。

善待自己不仅仅体现在物质层面，还体现在精神层面。有一位形象设计师年轻貌美，名牌加身，在物质上决不亏待自己。直到她来找我倾诉心事，我才发现其实她有着十几年的痛苦婚姻。当年结婚的时候，她就知道老公已经移情别恋了，她只是为了肚子里的孩子和自己的面子，才结婚了。

这十几年，她基本和老公分房而居，却一直没有离婚。她事业做得风生水起，经济独立，可就是一直让自己活在这种形式婚姻中。有一次我们在一个非常幽静的咖啡厅里谈心，我让她现场拿一个小物件来比喻自己。桌子上有各种精美的咖啡杯和物品，她却很自然地拿起一张擦过桌面、有污渍的餐巾纸说："这个是我。"看到这一幕，我觉得很心疼，原来她内心就是这样看待自己的，她觉得自己不配拥有更美好的生活。那天，我帮她梳理了她的过去并展望了未来。她一直以为只要在物质上不亏待自己就是爱自己，没想到却一直在这样"亏待"自己。半年后，我收到她的私信，她告诉我，她终于办完了离婚手续。我第一次见到有人如此开心地通告离婚消息，当然，我知道这对于她来说绝对是新生。

爱自己就要做本自具足的自己

爱自己绝不是完全依赖别人，也不是不让自己受一点苦和累。那不是真正爱自己，而只是不为自己负责的托付心态。这样的爱自己只是浅层的，是把爱和幸福的权利交到别人手里。如果老天眷顾你，有人愿意一直爱护你当然好。可世事哪能总是如意，一旦对方不能一直给你，或者给的不是你想要的，你就会陷入被动。爱自己一定要让自己本自俱足，有经济独立的能力，有精神独立的勇气。如果你暂时不具备这些能力，就要学会投资学习，为自己储备能力，这样的状态会让家人除了爱你还会尊重你，你就会获得扎实的幸福感；如果人生不能万事如意，你最起码本自具足，不用依附别人，不用委屈自己。

爱自己就是懂自律

越自律，越自由。自律一方面体现在生活的层面，比如锻炼身体、健康作息、吃东西和做事有节制，是为了让自己的身体更健康，行动更自由；另一方面，它还体现在做人要有底线，不做伤害自己声誉、有损于未来的事。

真正的自爱一定是有边界的,有所为有所不为,虽然可能会让自己暂时辛苦一些或感到痛苦,但是会创造出更美好的未来。比如,你现在辛苦锻炼是为了让自己更健康美丽;你现在节衣缩食投入学习,是为了未来创造更大的价值。真正的自爱是懂得拒绝不当的诱惑。未来的自由来自当下的自律。

做作业啦

做个自我觉察笔记,列举出你曾经有多少不爱自己的表现,再列举出真正爱自己的表现,最后看一看你"爱自己"的功课做得怎么样?

第 30 课

赋能：资格感满满能量强

我妈妈年轻的时候有一次去上海出差带回来一件卡其色大翻领风衣，大翻领可以立起来，还可以系上腰带。在 20 世纪 80 年代，这件风衣显得非常时髦。妈妈特别喜欢它，每次穿上都会在卧室的镜子前照来照去，我和姐姐则在旁边羡慕地看着，感觉她像电影明星。然而，这件风衣从没有出过妈妈的卧室，平时都被妈妈锁在大衣柜里，她只是偶尔拿出来摸一摸或者穿上照照镜子，就带着满足的叹息叠起来放进柜子了。我忍不住问妈妈："你怎么不穿啊？这么好看的衣服。"妈妈总是说："这哪穿得出去？人家该说我了，等着以后有机会再穿吧……"这个机会等了几十年，妈妈今年已经 80 岁了，但那件风衣一次也没穿到太阳底下，也不知去哪里了。

有人可能会说，我们的父母都是从苦日子过来的，所以都很节省。其实这不是节省的问题，虽然风衣是妈妈自己花钱买的，也很适合她，但是她总觉得自己不能穿这么好的衣服，如果她显得太漂亮出众了，她就会有强烈的不安全感。这是内心缺乏资格感的表现。

资格感是 NLP 大师李中莹老师提出来的，从字面理解就是"我有资格""我值得""我配得"。**资格感是一个人的内在怎么看待自己：我认为我是一个什么样的人**。资格感的根本来源其实是孩子和父母的联结，资格感缺乏的人大多在小时候受到父母的负面影响太多，或者受到父母的批评太多，就在心里给自己贴了标签，认定自己应该是个什么样的人，只能过什么样的生活。

孩子在成长过程中如何认识自己呢？对孩子影响最早、最深的就是父母对孩子的评价。如果一个孩子从小经常听到的是："你这孩子怎么这么笨啊，考这么点分以后要去扫大街吗？"或者"你这丫头真黑，以后找不着婆家可怎么办啊？"还有的父母会对孩子说："咱们小老百姓可用不起这个！"父母说这些话的时候，动机都是好的，但是这些话会形成一个个魔咒，被孩子的潜意识全盘接收。孩子潜意识里认同了父母的话，并形成了自己的信念，长大之后遇到好的人和事物会本能地退缩，**潜意识里的魔咒会响起来："我不行！我不配！"**所以，很多人遇事踌躇不前，表面看好像是缺乏经验或者自信，但你会发现无论他做了多么充分的准备，能力也没问题，到关键时候还是会退缩甚至搞砸事情，因为他潜意识里的魔咒在控制他。

我们的父母影响了我们，而我们也在不由自主地给孩子灌输类似的观念。比如，我女儿有一天跟我说："我打算去学金融。"我直接笑喷了："天呐，我和你爸都不识数，你数学也这么差，你学什么金融，你算得过来吗？"女儿直接抗议："妈妈，你又把你的信念强加于我，我又不是你！"女儿的一句话提醒了我，让我看到自己一边在声讨父母给了我各种限制，让我在某些地方缺乏资格感，一边又有意无意地把自己的固有经验强加给孩子，给孩子套上一个"我不行，我不配"的枷锁。我们都要保持自我觉察，因为我们给孩子贴的标签真的可能会影响他们的一生。

美国有一位白人妈妈带着孩子坐出租车，孩子看见了黑人司机，就问妈妈为什么他和我们不一样。妈妈说："宝贝，上帝为了让我们这个世界多姿多彩，就创造了很多颜色的人，你看这黑色的皮肤多么稀少，多么好看。"黑人司机泪流满面，他回过头来说："谢谢您太太，小时候我也问妈妈这个问题，我妈妈说那是因为我们生来就是低人一等的黑人。我的妈妈当初要是像您这么说，我的人生可能就不是今天这个样子了……"

遇事退缩，永远觉得"我不行"

经常有不少女性朋友来咨询气场课程，每次都向往得不得了，但最后都不了了之。如果问为什么，她就会说："我不行，你们都太优秀了，我从小就笨，什么都学不会，我肯定学不会……"一件事还没去做，就给自己贴了个标签"我不行"，结果时间一年年过去了，除了年龄增长，一切都还是老样子，没有任何进步。

我的气场课程的一位女学员有很好的心理学基础，她很想成为职业讲师创造新价值。通过学习，她的专业能力提升很快，大家也都觉得她未来会是非常优秀的讲师，接下来她只需要多做练习、积累实战经验就可以了。可是她就是迟迟不行动，总有很多理由说自己没准备好。为了让她锻炼一下，我特意给她创造机会："来吧，这周末你在咱们平台上讲课。"她答应得很好，可在讲课的那天却连续翻车——先是开课时间到了怎么都联系不上她，终于来讲课了，又一会儿不出声，一会儿没有画面，内容也讲得乱七八糟。在很多人看来，她好像根本就是在敷衍，没有提前做任何准备。可课后她给我看她提前做好的课件和讲课稿，内容非常丰富，也很完整。她自己特别无奈地说："老师，我真的很重视这次讲课机会，我已经在家准备好多天了，可我也不知道为什么会在关键时刻掉链子。"她真的是太紧张了，开课前手脚哆嗦，恨不得逃跑。她说讲课时，她心里好像有个声音一直在说："就你这水平怎么能讲课呢？"这种情况就是典型的缺乏资格感，她在意识层面想为目标努力，可她潜意识里的小我却在搞破坏，会故意制造很多障碍让她相信自己不行。

辛苦才心安，内心觉得"我不配"

曾有一位 60 岁的大姐来找我咨询，她是当地一位小有名气的企业家。她说："我有一个非常不好的习惯，觉得挺丢人的，都不好意思跟别人说。我现在什么都不缺，可是只要有好吃的，我就必须关起门来一个人狼吞虎咽地把它吃完，我才觉得放心，才会吃得过瘾。你说就算现在经济条件不好的人家也不至于缺吃缺喝，可是我就是改不了这个吃独食的坏习惯。真是上不了台面。这到底是为什么呢？"

通过追溯她的成长过程,我发现原来这位女企业家小时候出生在农村,当时她的爷爷是地主,在那个特殊的年代,他们一家人在村里面经常挨批斗,都成了惊弓之鸟,做什么事都是谨小慎微、偷偷摸摸的。那个时候生活又很困难,但凡有一点好吃的,他们根本不敢让别人知道,都是赶紧把门关起来,偷偷分给一家人吃。家里孩子多,谁要吃得慢一点,根本就抢不着。如果吃的时候动静闹大了,说不定就会引来村民,不仅食物会被没收,还要拉他们去批斗。这些童年记忆使她内心产生了极大的匮乏感,深刻影响了她的行为习惯,直到现在依然是"有好吃的就不能让别人看见,必须偷偷摸摸,快快地抢着吃才行"。虽然她现在已经过上了衣食无忧的安宁生活,却很难改掉这个习惯,更难以填补内心的匮乏感。

复制父母的命运,"我不可能比父母更好"

孩子潜意识里对父母是无限忠诚的,他们可能会认为自己没有资格、不可能、更不应该比父母过得更好。

有一对姐妹从小就目睹父亲出轨、家暴母亲,父母离婚后,她们跟母亲相依为命,整日生活在母亲对前夫的怨怼中。长大后,姐妹俩的感情生活都不是很顺利。妹妹干脆关闭了情感的大门,从中学接到第一张男生的小纸条就明确表示:"我从小就看着爸妈打架,婚姻太可怕了,我这辈子都不会结婚!"姐姐虽然结婚了,但是终日疑神疑鬼,总是找各种证据,想证明丈夫还很重视她,很爱她。结果丈夫忍无可忍对她家暴,并且真的出轨了。而这好像印证了她的内心所想:"这就是我们的命啊,我爸妈婚姻都那样,我怎么可能有幸福的婚姻呢?"

当姐姐来找我做咨询也说这番话时,我坚定地对她说:"不对,父母的命运是他们的,孩子有资格活出自己的人生。我们不必重复父母的悲剧,我们完全可以比父母生活得更好、更幸福。"姐姐听完这话眼睛亮了一下,问我:"真的吗,我该怎么办呢?"

重建资格感

我们该如何改变资格感匮乏的状态,让自己能量满满,在任何时候都觉得我行、我配、我值得呢?

首先,你要真正相信这有可能做到,相信一定会更好!

然后,开始行动,改变固有信念,做心理建设,重建资格感。

如何做心理建设呢?我们可以遵从以下步骤来进行。

第一步:将要建立的资格感用一句话说出来。 比如,"我要自己一年内轻松赚到100万""我要拥有幸福婚姻""我要成为受欢迎的气场教练",等等。这几句话里相对清晰明了的是第一句"一年内轻松赚到100万",而"幸福婚姻""受欢迎的气场讲师"相对虚泛,可是说得太复杂又会让这句话变得太长。如果要用这样虚泛的

第三部分

心灵气场：活出生命的光芒

词，请提前在你脑海里想象出具体画面来应对什么是你想要"幸福婚姻"，什么是你想象中的"受欢迎"，后续说这句话时想着这些具体画面，你的潜意识就会收到你的信息了。

第二步：加上资格感前缀后试着说出来，以验证是不是你想要的。把你刚才提炼的那句话加上四个前缀，我拿其中一句来做示范。

- 我有能力成为受欢迎的气场教练！
- 我有资格成为受欢迎的气场教练！
- 我爸爸允许我成为受欢迎的气场教练！
- 我妈妈允许我成为受欢迎的气场教练！

这四个前缀要记清楚，并且顺序不要颠倒。自己先认真说两遍，感受一下这是不是你内心真正想要的？是否还需要调整？请相信你的感觉是最真实可靠的，因为这四句话其实是说给我们自己的潜意识听的，不要用头脑去评判"这有什么用"。还是先相信，再行动，你不试一试怎么知道有没有用呢？

第三步：身心放松，一动不动，反复建设。

1. **准备。** 做这个练习时，请找一个安静的不被打扰的环境，找一位家人或朋友给你一些反馈。如果你只想一个人练习，那么可以用手机自拍，然后再看过程；再简单带你，你可以对着镜子练习。只不过这三种方式效果最好的肯定是有人当面给你反馈。看镜子练习时，你的自我反馈会有偏差。

2. 放松。 你可以放松站立，双腿自然分开与肩同宽，双臂自然下垂。你也可以坐在有靠背的椅子上，不要仰躺，不要跷二郎腿，双腿自然分开，两手放在大腿上，身体放松而稳定。然后，慢慢地做腹式呼吸，进入身心放松的状态。放松的过程不要着急，做心理建设不是做体操，不是完成几个动作、说几句话就行了。身心放松才能进入潜意识，才好对潜意识里的资格感展开工作。

3. 练习。 当你感觉自己的身心足够放松的时候，请把你的右手掌根放在心口的位置，让你的手掌感受到自己的心跳。接下来，要全身一动不动，眼睛一眨不眨，非常顺畅地把刚才这四句话一口气、不卡顿地说一遍。在说的过程中，假如有任何的迟疑卡顿，出现任何小动作，比如眨眼睛、身体忽然轻晃、手指来回动、咽口水等，都说明你潜意识里不接受，那就必须再调整状态，重新开始一动不动地一口气说出这四句话。

或许有人会好奇：为什么要一动不动？因为人的行为是内心的体现，如果你在说某句话时潜意识里不认同，就会不由自主地出现卡顿或晃动，而且在哪句上卡顿，就说明在那个部分是需要成长的。

我有一位很理性的男学员，40 岁左右，是某单位的干部，工作能力足够强，可他就是一到公众场合讲话就紧张得语无伦次，以至于影响了职业晋升。他开始只说来找我学习公开演讲，可几次小课下来，我发现他讲话的水平并不差，就是在面对权威领导时会紧张恐惧，从而导致讲话出现卡顿。我就提醒他修复他和父亲的关系，因为父亲在人的潜意识中代表权威。他听了后半信半疑。后来，我带他做资格感练习。他按照前面的流程准备好。前面两句"我有能力做好演讲,我有资格做好演讲"说得都很流畅稳定,但只要说到"我爸爸允许我能做好公众讲话"这句,他就开始不由自主地喉咙发堵,下意识地眨眼睛、晃脑袋。他练了几次都是一到这句就出问题。

我就问他:"你小时候父亲对你是怎样的?"一提到父亲,他就明显地吞咽了下口水(这是紧张的表现),然后说:"我父亲是警察,小时候对我管得很严。他检查我作业时,只要我在他面前背书稍一停顿,他就会打我脑袋一下,打完了还让我憋住不许哭。他还说我没出息,上不了大台面。"说着他又不自主地出现了刚才那个动作,即紧张地眨眼、晃脑袋,这明显就是小时候被父亲打的时候下意识的躲闪动作,喉咙堵住是因为被父亲要求不准哭、必须憋住。而父亲说他"没出息,上不了大台面"的这些话就成了他的桎梏,让他惧怕父亲以及所有象征权威的领导、师长。在面对权威人士以及在公众场合讲话时,哪怕能力是具备的,他也会出现严重的资格感匮乏,会紧张、恐惧,甚至是直接失败。

我把这些分析反馈给他听,他愣住了,忍不住红了眼圈。这时,他终于感受到了心理建设的神奇价值。后来,他就很认真地每天做建立资格感的练习,其实就是给自己的潜意识反复做工作,逐步打通内心的卡点、疗愈成长的创伤。大约一周之后,他给我反馈,他经过多次练习,现在可以稳定流畅地说出来这四句话了。更可喜的是,他这周在单位做了一次工作汇报,面对领导和众多同事,他一改以往的紧张恐惧,终于可以自信流畅地表达了。当然,更重要的是,他还主动回了趟老家看望父母,和父亲一起下了盘棋,他说自己忽然感觉没那么怕父亲了。

重建资格感的练习已经被很多学员验证是安全有效的。如果你按照以上三个步骤，多次认真练习，用心体会感受，就能让你的潜意识相信，激发出内在的能量可以让你重新获得资格感。这样，你将有力量去行动并达成目标。

或许还会有人质疑："我相信自己有资格赚100万就真的能挣100万了？"当然，这还需要你的行动配合。资格感练习就是给你注入满满的能量，就像给一辆好车加满了油，可以让你动力充沛地奔向目标。而你自己要运用这满满的能量去认真践行，去创造不一样的未来。

做作业啦

审视一下，看看自己在哪个方面缺乏资格感，并写出你的四句资格感练习语。如果依然有困惑，可以到气场平台寻求老师的帮助。

第 31 课

幸福：修好三层基础，拥有真实的幸福

幸福是人人都渴望拥有却又总是抓不住的东西。我们很难说清楚幸福究竟为何物，以及如何才能获得幸福。

我们在生活中也会有幸福的体验，但是大多稍纵即逝，不知如何把握。很多人觉得只要有钱、有名、有地位就会幸福，但最后却发现虽然自己拥有的越来越多，可幸福却好像离自己越来越远。幸福不是虚拟的空中楼阁，更不是停留在纸上的心灵鸡汤。想拥有真实的幸福，我们就需要修好三个基础：物质、关系、意义。

第一层修炼：物质

我们的生活中确实会有从天而降、守株待兔式的幸福，但那都是小概率以及不可控的事件。如果我们这辈子就专门等着老天赐福而无所作为、无所储备，那么等到偶尔的幸福快乐稍纵即逝后，我们就真的两手一摊，无可奈何了。

幸福一定包含安全、轻松、满足的感觉。**幸福生活一定要先满足安全感**，人才能感到轻松满足。一个人只有打好了物质基础，才可以安心自在，在变故来临时也能从容应对。

没有物质基础的幸福是空中楼阁，那么是不是钱越多就越幸福呢？痛苦其实不分贫富，幸福和钱多并不能画等号。毕竟幸福是一种感觉，而金钱本质上是一种工具。

太容易得到的东西并不能增加我们的幸福感，努力蹦一蹦、攒攒钱，终于获得一件梦寐以求的东西的那一刻才是真幸福。不过，这种外力加持的幸福是有适应性的，当你习惯之后，这种幸福感就会烟消云散。而在新的层次上，你依然会有一些让你发愁的事情。英国女王很难因为新的珠宝或者多了一套房子而感觉幸福，可她照样有她那个身份的人该有的烦恼。因此，一个人想要拥有真实的幸福，没有物质基础不行，但也不能只是一味地追求物质上的满足。

第二层修炼：关系

人是社会性动物，我们都生活在各种人际关系中，拥有良好的人际关系会让你更加幸福。就算你实现了经济自由，可是如果把你一个人丢到无人岛上，有什么用呢？幸福感的产生离不了与他人的互动、对比以及他人的反馈。

是不是一个人只要比别人强就是幸福了？这样的幸福只是浅层的幸福。如果你样样都比别人强，那么骂你、坑你、讨厌你的人也会更多，树敌无数，恐怕你的幸福也并不踏实。因此，一个人想要获得幸福，在关系层面，就要有良好的人际关系。做到这一点的**秘诀就是"利他"——多为别人做些事，并能经常收到他人的正面反馈。**

多项研究表明，乐于助人的青少年心理更健康、更积极、更善于沟通，经常做志愿服务的老人的死亡率也比同龄人低44%～63%。当你心里有他人的时候，你的心胸会更开阔，不会总是纠结于自己的那点事；当你能为别人做些支持的时候，你内心的自我肯定会更强烈，因为被需要会让你感到自己是有力量、有价值的；当你能为别人做些有意义的事情时，收到的正面反馈也是积极的能量，可以让你产生更多的愉悦、自豪和幸福感；当你能多为别人做些事的时候，你就会闲不住，这相当于积极的身心运动。

为他人做事还要注意把握以下三个原则。

1. **界限**。你要帮他人做的是他们真正需要的并希望你帮的事，而不是你认为对他们好的事。

不要打着爱的名义去操控、干涉他人。如果对方真的因为没有听从你的好心劝告而受到伤害，那也只能说那是他自己选择的结果。

2. **适度**。人与人之间要保持付出与收取的相对平衡。我们不能因为自己暂时在某一方面比他人好，就高高在上地施舍。利他助人是建立在尊重的基础之上的，要让对方心理上能够承受，接受得有尊严，有偿还你的人情的能力。

曾有一位39岁的盲人女士说她听了我的网课后深受启发，因此改善了家庭关系。她也想通过学习改变自己的命运，想像我一样做一位心理咨询师，去帮助他人成长。这让我分外感动，于是我就在朋友圈和群里发出消息，请大家提些建议，看看如何更好地帮助这位盲人朋友。

有位女士建议我直接给那位女士发一个气场课结业证书。这样做当然不行，如果她没有学成，随便发个证书无异于哄她玩。因为一时的爱心，随便给人发证书，这就是施舍。她需要的难道是这种同情或施舍吗？所以，帮助他人不仅要量力而行，还要讲究原则。这位盲人女士反复强调要为我赠送的音频课付费，在我表示要赠送的时候，她给我留下了自己的姓名和地址，嘱咐我只要到云南，就一定要到她家做客，她要用自己的按摩技术帮我好好治疗一下我的腰。她是不卑不亢的，有求助、有感恩、有界限。我提供给她的也是力所能及的，不会给她带来过度的负担。

3. 自爱。 在没有照顾好自己之前，不要着急去照顾别人。燃烧自己照亮别人的付出只会让双方都感到压力。如果你的付出超出了负荷，一旦得不到对方的回应和回报，你就会感到失望。因此，助人一定要量力而为。如果你选择帮助别人，就要清楚这是自己的选择，是为了实现自己内心的价值，根本不是图回报。

第三层修炼：意义

幸福就是有意义的快乐。 意义是人类大脑前额叶的产物，是人类智慧和理性创造的感受。人和动物的区别就在于除了吃喝拉撒睡的生理需求和基本情绪之外，还有对意义的精神追求。比如，面对一根香蕉和一幅名画，人们肯定会选择名画，人类赋予名画的价值和意义远远大于一根香蕉的。但是猴子肯定会选择香蕉，香蕉是食物，而名画对于猴子而言没有任何意义。

想要获得幸福，就要有清晰可行的目标。 我们为了这个目标，要不断地努力、成长和突破。我们会觉得自己的时光没有虚度，人生是有成果的。这些目标可大可小，大的可以是你人生的终极方向，小的可以具体到这周要见五个客户、这个月要瘦身八斤等。只要有目标，你就知道自己要往哪里去、要成为什么样的人；只要有目标，你做事就会有动力，你的人生就会有意义。比如，你每天在家做饭，时间久了也会感到枯燥无趣。假如你制定了一个目标，计划一年 365 天为家人做有营养的美食，还准备利用自媒体成为一个美食博主。此时你会发现，有了这个目标和具体计划，你每天做饭都是有成就感的，同时还会实现更高的价值与意义——也许有专业平台找到你，要帮你好好打造个人品牌。

幸福离不开目标和创造。我做教育和咨询近 10 年，见过很多人因为没有人生目标而生活得浑浑噩噩，最后变得郁郁寡欢，也有很多有钱有闲的人因为无所事事、心情抑郁来找我咨询。

在很多人眼里，林女士是天生好命的女人，长身玉立、气质优雅，年轻时就创业成功，是当地很知名的女企业家，获得了不少男士的爱慕。她有人人称羡的三口之家，老公在体制内工作，女儿也漂亮可爱。女儿上小学时，她把孩子送到国外读书，自己也去陪读。在外人看来，她真是人生赢家，财务自由、时间自由、人身自由，但对她而言就不是这么回事了。虽然生活中什么都唾手可得，但她却觉得很没意思，天天窝在家里，生活圈子越来越窄，情绪也越来越不稳定。她经常半夜找我做咨询，说她感觉活得很没劲，然后就开始讲述自己童年遭遇的各种创伤。

我了解之后给她的反馈是：所有人都是在大大小小的创伤中成长起来的，你的这些童年创伤其实不足以让你感到如此困顿，所以还是要积极地去做事，去寻找生活的乐趣。我鼓励她出去交朋友、与人互动，她说她看不上那些人；我鼓励她去找一份工作，她说自己已经和社会脱轨了，做事太难、太辛苦；我鼓励她制订生活学习计划，安排好每天什么时候健身、什么时候读书、什么时候见朋友，她最长也就坚持一星期，然后又回到老路上。之后，她又不断地找我诉说她的纠结痛苦，还发来了一张医院的证明，她已经患上了严重的抑郁症。

对于这样的朋友，我真的是只能叹息一声了。如果她能在初期就让自己为生活忙碌一些，在修身养性上对自己狠一些，多和周围的人互动交流，生活中多些清晰可行的目标，也不至于在找不到方向时迷失了自己。

往往我们听个笑话、吃块蛋糕、买个包包，立刻就能快乐起来，可是这种感觉往往稍纵即逝。**我们追求的是有意义的快乐——幸福，是那种需要付出努力获得的成就感、价值感，更有深度（物质）、宽度（关系）、高度（意义）的快乐，这种感受会更有长度（持久）。**

幸福不是虚拟的空中楼阁，也不是停留在纸上的心灵鸡汤。幸福一定要在生活中实修，只要修好物质、关系、意义这三层，你就能拥有真实的幸福！

做作业啦

31天的气场课程结束了，**但学习的结束才是真正的开始。**你可以为自己做一个人生计划，充满能量地迎接更好的未来。

后记

我的前半生

我想给大家讲一讲我前半生的故事,这是一个不甘平庸的平凡女人不断自我修炼的故事。我的人生有三个重要的转折点,分别是我的 29 岁、39 岁和 49 岁。

29 岁

29 岁那年夏天的某一天,我带着两岁多的女儿在家乡的马路边乘凉,看着熟悉的街道上人来车往,一副岁月静好的模样,我却忽然从心底生出一股悲凉感:难道我的人生就这样定型了吗?我这辈子就这样一眼看到头了吗?

在很多人看来,我过得挺好的:大学毕业就进了电视台,成为人们羡慕的节目主持人;职场顺风顺水,等待稳步升迁;家庭稳定,还有个可爱的女儿。这一切看起来就是大家说的按部就班的幸福的模样。

可只有我自己知道，看起来挺好的生活的背后还有一些不甘心：生活稳定到单调枯燥，我们夫妻两个都只有固定的工资收入，无法让家人过上更好的生活；我也不愿意自己的人生早早定型，世界很大，我还想去闯一闯。

我先找朋友借了钱，支持我先生到北京读研，继续追逐他的画家梦。我宁愿一个人用微薄的薪水养活三口人，也不要过一眼看到头的生活。然后，我就开始规划自己的未来。想法很简单，下决心也容易，可要做到，真的好难。那种难不仅仅是因为来自外人的质疑和现实的压力，更多的是我内心对于未知和未来的恐惧。

我这边刚下定决心要走，那边孩子一哭我就放下箱子骂自己不能这么自私；我这边刚鼓起勇气准备递辞职信，那边一个电话来了新业务，我就想其实我过得还不错；甚至那年国庆节前，我在台里交接完工作，也买好了国庆节去北京的火车票。可是我在家里抱着孩子哭了一夜，国庆节后又灰溜溜地回去上了班。

当时的我远不像现在这样果敢，我纠结胆怯，犹豫不前。我就这样走走停停，痛苦纠结了三年，一直拖到32岁那年，我才真的迈出了这一步。

最后推动我的就是一个画面。我们台里有位老大姐，我从进电视台那天起就见到了她,一直尊称她老师。她是台里最敬业踏实、最与世无争的那个人,凭自己的努力获得了高级职称,也获得了大家的尊重。

那天下班时我遇见她,她跟我说:"我退休了,明天就不来上班了,再见!"她骑着一辆破旧的自行车向着夕阳而去的背影一下子击中了我,我仿佛看见几十年后的自己——我害怕一眼看到头的人生。我终于向外面的世界迈出了那一步,这才发现:一个人一旦下定了决心,什么都不是问题了。

迈出的那一步,让我走向了全国各地,走进了不同的领域。读万卷书,不如行万里路,我看到了一个与从前不一样的世界,也体验到了各种苦辣酸甜。我曾经一个人开车跑到海边痛哭过,曾被客户刁难、骚扰过,也被各种工作压力折磨得夜不能寐过……

六年的职业经理人生涯重塑了我,我再度进入了一个新的稳定的轨道。之后,我回到郑州买了车、买了房,孩子带在身边上学,先生继续在北京追逐他的梦想。虽然我依然有各种烦恼,但生活总体来说过得很有情调。我以为我的人生会一直这样走下去……

39 岁

39 岁生日那天,我在北京拿到了第一张讲师资格证。那一刻,我脸上在笑,可心里很慌,因为我并不知道未来会怎样。

之所以放弃郑州的小资生活,跑来做大龄北漂,是因为正好有个机会可以让女儿到北京来上中学。我们一家三口终于可以在北京团聚了,可这也意味着我要放弃之前的生活,在北京重新开始。我先生对我说:"你折腾这么多年也辛苦了,以后我来养你。"

他说这句话的时候是 2012 年的元旦节。我和女儿拖着大行李箱来到了北京,出租车载着我们一家三口经过天安门。我看着长安街上车来人往,内心又升起了一股悲凉——北京那么大,那么多优秀的年轻人,我这个一把年纪、资质普通的老女人能干什么?难道我的余生就只能买菜、做饭、在家陪娃了吗?

不!我不要这样的人生!我不仅要做事,还要做自己真正热爱和适合的事,我要做培训师!我偷偷拿出全家存款的三分之一跑去上课,在我 39 岁生日那天拿到了第一张讲师证,就这样懵懵懂懂地开始了我的讲师生涯。这一路走来风雨兼程,到今天已经 11 年了。

回看这 11 年的路,没有暴红暴富、惊天动地,就是一个不甘平庸的女人慢慢做出来了一点成绩。我走上了清华、北大、南开等各大名校的讲台，为很多央企和机关单位，以及包括苹果（中国）总公司在内的多家世界 500 强企业做过几百场培训，创立了自己的版权课程《气场》，帮助众多女性用气场改写了人生。2018 年，我的第一本书《我，不必和别人一样》上了当当网新书畅销排行榜，气场系列的网络课程在各大平台影响的受众累计超过了百万人。更重要的是，这么多年，我不断地学习成长，也是气场最大的受益者。气场帮我改善了我和先生的关系，我们不再动不动就冷战了，生活幸福甜蜜。我们一家三口都活出了自己人生更好的可能。有气场的女性也是家庭的正能量，是家里最好的"风水"。**发心正，方向对，慢慢走，也很快。**

49 岁

49 岁，我准备再出一本书，我要为气场的 10 年传播之路做个阶段性总结。书籍的可贵之处在于，它比现场的课程更易于面向更多的受众，而我就是要让更多不甘平庸的女性朋友能够相信自己，并且有信心去改变自己的命运。

然而，连续几个月的伏案写作让我的颈椎、腰椎都不堪重负。我同时用两部电脑，坐在这部电脑前写累了就跑到那部电脑前站着写一会儿。长时间打字导致右手腕发炎，手指胀痛得握不紧东西，就做做运动再继续写。我的家人不解地问我："你这么认真干什么？"

疫情三年，我和很多人一样经历了很大的冲击，从线下转到线上，从单一的培训到写作、直播、咨询等多元化发展，有对新机遇、新尝试的兴奋，也有过碰壁受挫时的焦虑难过。有多少次累得上不来气又看不到回报，有多少次遭受质疑，我也欲哭无泪，很多次我也想过要躺平、要放弃，女人中年真的更不容易。

努力一定会成功吗？确实未必。这么多年，我都是在看不到希望的过程中努力前行的。成功得到回报其实有偶然因素，更多的是耕耘到"吐血"也未见水花的失败。

可我知道，放弃注定失败。人生路上，可以慢，可以哭，但不可以停。人到中年，事业小有成就，没有经济压力，我完全有理由让自己停下来，接受现实、放弃自己。可我不愿意，因为那不是我想要的人生。

春节一过，我就整整 50 岁了。人们说 50 知天命，老天给我什么命我真的不知道，但我开始知道自己想要什么、不要什么，什么可以做、什么该拒绝。

我知道自己不可以放弃，但可以放下。我没有含着金汤匙出生，也没有万事顺遂的好运气，我就做自己想做的、能做的、该做的事，在自我修行的同时还能影响到同频的人，我的人生就是有价值、有意义的。

年龄真的只是一个数字。不要去相信年龄背后的刻板定义：

女人三十就老了，四十豆腐渣，五十广场舞大妈，六十带孙子看家……

人生是我自己的，我不能按照别人的说法去活。我不完美，可我依然能活得很美！

种一棵树最好的时机是 10 年前，其次是现在。想为自己而活，永远都不晚。

我正在计划接下来 10 年的发展，我还要继续讲课、写书，安静深入地与人联结，要往心理咨询的方向深入发展。我还计划学好英语游走世界。

我不仅要让自己活得闪闪发光，还要和更多渴望成长的女性朋友们一起修炼气场，活出生命的光芒。

深深感恩所有支持和信任我的老师和朋友们，谢谢你们对我的帮助。

王　敏

北京阅想时代文化发展有限责任公司为中国人民大学出版社有限公司下属的商业新知事业部，致力于经管类优秀出版物（外版书为主）的策划及出版，主要涉及经济管理、金融、投资理财、心理学、成功励志、生活等出版领域，下设"阅想·商业""阅想·财富""阅想·新知""阅想·心理""阅想·生活"以及"阅想·人文"等多条产品线，致力于为国内商业人士提供涵盖先进、前沿的管理理念和思想的专业类图书和趋势类图书，同时也为满足商业人士的内心诉求，打造一系列提倡心理和生活健康的心理学图书和生活管理类图书。

《她职场：活出女性光芒》

- 女性成长平台——睿问诚意之作，帮助中国职场女性打破成长与认知盲区的答案之书。
- 她时代，每一位职场女性都可以勇敢而坚定地追随自己的职业理想，成为自己人生的主角。

《她力量：独立女性的成长修炼》

- 畅销书作家、知名互联网商业顾问张萌，创新领导力中心大中华区副总经理赵颐馨作序推荐。
- 指导职场女性遵从内心，打破职场无形的玻璃天花板，找到自我，创造属于自己的成功。